U0051817

| hydrangea |

| anemone |

| rubus hirsutus |

| coriander |

| st. john's wort |

| sweet autumn clematis |

| tsutsuji (azalea) |

| houttuynia cordata |

| dianthus |

| canola flower |

| nigella |

| rosa multiflora |

| wild grape |

| eschscholzia californica |

| philadelphia fleabane |

| viola |

| petunia |

| tradescantia ohiensis |

| cornflowers |

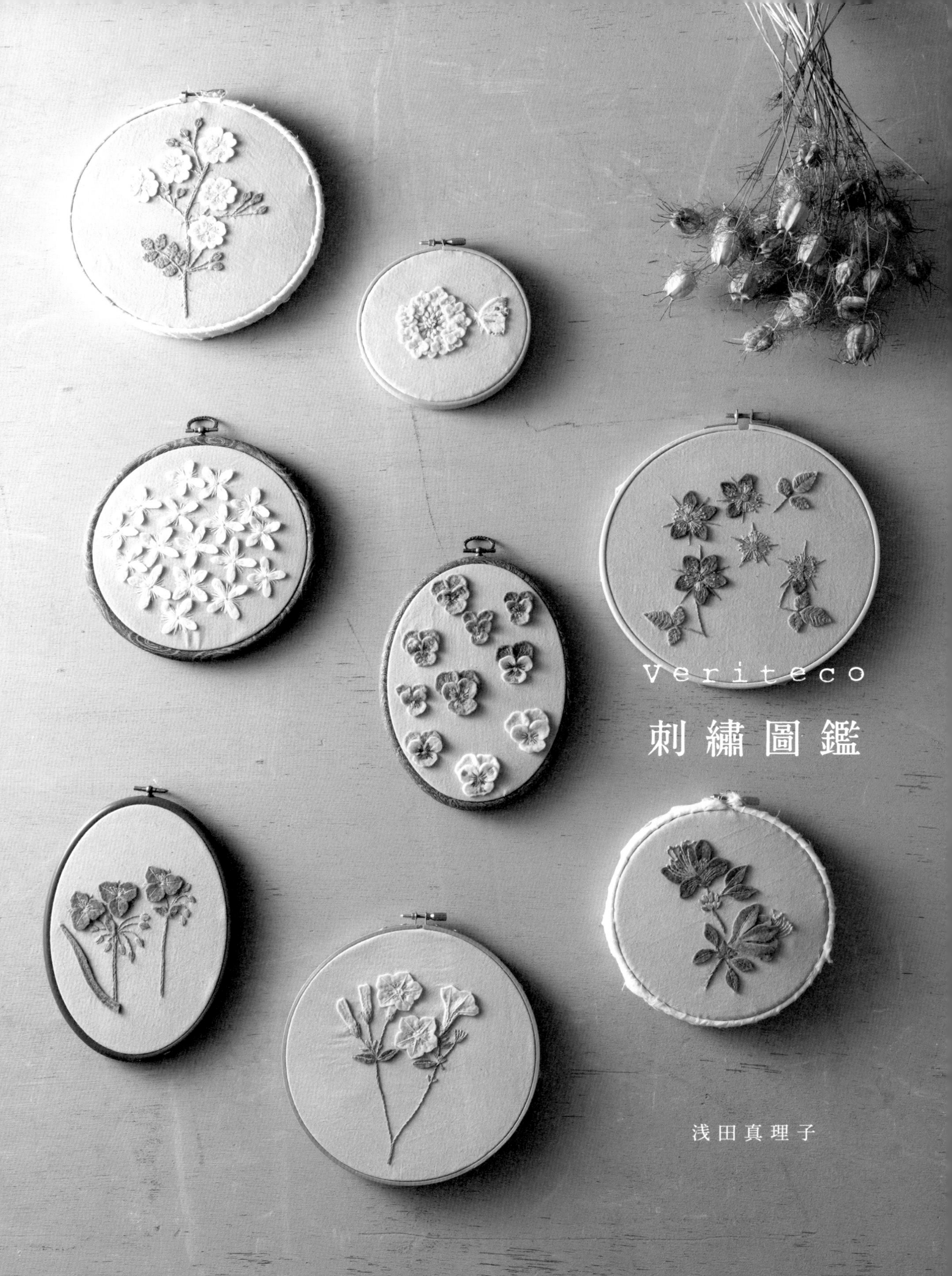
Veriteco
刺繡圖鑑
浅田真理子

前言

自從搬到浮在瀨戶內海上的豐島後，
我開始以素描描繪生長於這座島上的植物們。
除了從各種位置＆場所觀賞植物，找出最美的角度，
也藉由分解植物構造，進行紙型的繪製。
在素描的同時，
似乎也再次感受到了植物的姿態與觸感帶來的悸動。

在本書中，
我挑選了20種植物進行刺繡創作。
將猶如從土裡冒出綠芽般的生命姿態融入刺繡中，
有葉片、有花萼、有各自綻放的花朵，
彷彿隨風一吹，凋謝的花瓣將輕輕舞落，飛揚而去。
這樣的氛圍是立體布花無法表現的，
也唯有刺繡，
才能臨摹出植物的纖細之美。

以羊毛不織布製作的花朵，
形態各異其趣，無法完全相同，
就像植物自然開出的花朵一般，
每一朵花的形態都是美妙的偶然。
用色方面則刻意不追求花朵真實的色彩，
而是染成能表現出布料或繡線的色彩，再進行刺繡。

願你亦能在刺繡世界中
感受到一如欣賞自然植物繽紛多變之美時的喜悅。

Veriteco 浅田真理子

contents

| hydrangea |

繡球花（常山繡球）

耐寒的常綠性品種，即使是冬天也不落葉。雖與繡球花同科，但無裝飾花。夏天會開出水藍色的小花，到了秋天則結出鮮豔醒目的藍色果實，因此在日本又被稱為「藍眼睛（碧のひとみ）」。

how to make p.50

| hydrangea |

繡球花（額繡球）

額繡球是在陰鬱梅雨季中的一抹優雅色彩。中央小花的周圍結有裝飾花，看起來猶如畫框，因而被命名為額繡球（「額」日文有畫框之意）。「謙虛」的花語則源自於其低調的氛圍與姿態。

how to make p.51

anemone

銀蓮花

Anemone在希臘語中為「風」的意思。銀蓮花自古代就廣為人知，也常常出現在神話或傳說中。花語與其甜美的外觀相反，「虛幻無常的愛」、「愛情的苦痛」等，多帶有悲傷的含意。

how to make p.52

rubus hirsutus

蓬虆

雖與木莓同屬，但因乍看之下很像草，因此在日本也被稱為「草莓（草イチゴ）」。春天時盛開白花，秋天則結出由許多紅色小核果聚合成的果實。果實可食用，酸味少，相當甘甜。

how to make p.53

coriander

芫荽

一年生的香草，春天至秋天播種，初夏時會開出白花。泰文發音為Phak Chi，中國稱為「香菜」，葉片＆莖梗是東南亞料理中不可欠缺的食材。種子亦可當作辛香料使用。

how to make p.54

st. john's wort

金絲桃

日本別名「西洋弟切」，是取自於因弟弟洩漏以此植物為原料製作草藥的秘密，而被哥哥砍殺的傳說故事。英文譯名為聖約翰草。有舒壓鎮靜的效果。

how to make p.55

sweet autumn clematis

甜秋鐵線蓮

蔓性的多年生植物，從夏天至秋天會很密實地開出許多白色小花。花朵開完後，會結出白色長絨毛的果實，狀似長有鬍鬚的神仙，因此在日本也被稱為「仙人草」。

how to make p.56

| tsutsuji (azalea) |

杜鵑花

花名原意為筒狀的花朵，在日本稱為「ツツジ」，日文漢字則寫成「躑躅」。經人工授粉與品種改良，目前已有預估超過了2000種以上的種類。皋月杜鵑、石楠花也與杜鵑花同屬。

how to make p.57

houttuynia cordata

魚腥草

多年生草本植物，群聚生長於潮濕陰暗的場所，5月至7月會開出白色花朵。日文為「毒痛み（どくだみ）」，取其功效「抑毒」、「止毒」之意而來。因養生健康茶而廣為人知。

how to make p.58

| dianthus |

石竹

花瓣邊緣帶有鋸齒狀。因花朵姿態柔弱清秀，令人不禁想要輕撫，所以在日本被稱為「撫子（ナデシコ）」。是秋天七草之一。花語依花色而異，代表性花語為「天真」、「純潔的愛」。

how to make p.59

canola flower

油菜花

黃色油菜花盛開之際，即宣告春天的到來。在日本稱為「菜の花」，「菜」即意指「菜葉」，說明了油菜花除了觀賞性之外，也具有食用性。因油菜花金黃亮麗的模樣，花語為「快活」、「明亮」。

how to make p.60

| nigella |

黑種草

黑種草的花朵因退化而不起眼，看似花瓣的部分其實是帶有顏色的萼片。花朵被稱為「苞葉」的線狀葉片所包覆，花朵開完之後，如氣球般膨脹的果實可作為乾燥花材使用。

how to make p.61

| rosa multiflora |

日本野薔薇

於野地自然綻放生長，因素雅的氛圍而取得「純樸之愛」的花語。5、6月之際，散發出淡淡花香的小白花成簇綻放；秋季時，則會結出紅色的玫瑰果。又稱「野薔薇」，是野生玫瑰的一種。

how to make p.62

wild grape

蛇葡萄

蛇葡萄是生長於山野間的蔓性多年生植物。入秋後結果，成熟的果實將轉變成帶有光澤的藍色或紫色。雖不可食用，但除了果實之外，可作為天然藥材利用。花語是「慈悲」、「慈愛」、「人間愛」。

how to make p.63

eschscholzia californica

花菱草

花期從春天到初夏，會開出黃、橘色的花朵。又名加州罌粟。花朵在明亮的白天舒開，一旦變暗就會閉合。因花朵全開時呈菱形而得其名。

how to make p.64

| philadelphia fleabane |

春飛蓬

菊科的一年生草本植物，會開出細長的舌狀花。花朵與一年蓬非常相似，但開花時期不同，春飛蓬是春天開花，而一年蓬的開花期是初夏到秋天。花徑比一年蓬大，花瓣寬度則較窄。

how to make p.65

viola

香菫菜

顏色豐富多彩，花量多，從秋天到隔年春天能開出相當多的花朵。從前將花徑小又多花的三色堇區分為香菫菜，但隨著交配複雜的園藝品種逐漸增多，已越來越難明確分清了。

how to make p.66

petunia

矮牽牛

原產於南美洲的一年生草本植物。屬名來自於巴西原住民語petun，為「菸草」之意，因為與菸草的花朵相似而被命名。開花花期非常長，在4月至10月之間將可期待開出顏色豐富的花朵。

how to make p.67

| tradescantia ohiensis |

紫露草

到了梅雨季節，就會綻放出由三片花瓣組成的紅紫或藍紫色的花朵。清晨時花瓣展開，下午則會閉合。花朵只有一天的壽命，因此花語為「片刻的幸福」。

how to make p.68

cornflowers

矢車菊

矢車在日文中是指鯉魚旗頂端的風車，此名即因花朵形狀與矢車相似而得。花期為春夏兩季，花朵顏色豐富。因花瓣細長，顏色近於藍紫，所以有「纖細」、「優雅」、「優美」等花語。

how to make p.69

arrange

島花紛飛的白襯衫

以潔白襯衫為畫布，利用刺繡描繪出島嶼的色彩＆自然生長在島上的各種植物。但容易因水或汗水而染色，並不適合洗滌，因此建議僅作觀賞之用。

how to make p.72

花開滿庭的
繡花裙

運用刺繡表現出盛開於庭院中的各式植物。但並非還原植物真實的顏色，而是將繡線＆羊毛不織布染成容易與基底裙子相融合的色彩。

how to make p.74

小花耳環

僅剪下植物花朵的部分，製成小巧的耳環。除了藉由滿開的刺繡花朵為耳畔增添華麗感之外，
欣賞色彩日漸沉穩的過程也是令人期待的樂趣。

how to make p.76

胸針

此系列作品想呈現的並非是鮮麗綻放的花朵，而是花朵逐漸凋零時的寂靜。將繡線＆羊毛不織布染灰，使花朵整體呈現出同一色調，營造出如陶器般的質感。

how to make p.79

how to make

基本作法

基本材料＆工具

在此介紹本書刺繡作品使用的基本材料＆工具。
染布用的鍋碗器具等，無須特別添購，使用自家廚房的既有品即可。

鍋子

煮染材時使用。為了防止變色或染色，建議選用不銹鋼、珐瑯，或玻璃等材質的鍋子。

碗

進行染布的染前處理、清洗、媒染等作業時使用。與鍋子相同，建議選用不銹鋼、珐瑯，或玻璃等材質。

淺盤

暫時放置染色後或清洗後取出的濕布。以碗代替也OK。

長筷

用來攪拌或取出浸泡在染液＆媒染劑裡的布材。以竹筷代替也OK。

電子秤

以1g為測量單位的廚房用電子秤。秤取染材、媒染劑等時使用。

量杯

量取水或媒染劑時使用。因明礬需要以熱水溶化，建議選用耐熱材質。

茶包袋

熬煮染材時使用。將染材裝入茶包袋裡進行熬煮，可省去煮完後還要以濾網過濾的工序。

黑豆

以熬煮黑豆後取出的汁液為染液。染液呈現黑色。媒染後會變成帶藍色的灰色系。

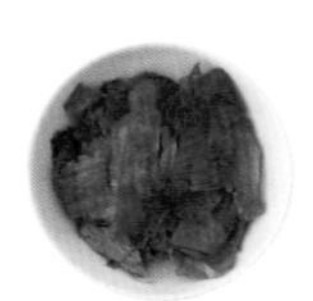

洋蔥皮

作為染材的洋蔥皮。以鍋子煮出染液後，可利用舖有廚房紙巾的濾網過濾。

洋甘菊

將洋甘菊花乾燥後的乾燥香草。依染法的不同，可染出從淡黃色到卡其色的顏色變化。

扶桑花

將扶桑花乾燥後的乾燥香草。染液呈深紅色。媒染後會變成粉紅色系或紫色系。

紅茶

以熬煮出的濃紅茶汁為染液。若直接使用紅茶包，可省去過濾的工序。

即溶咖啡

以高濃度的咖啡溶液為染液。經過媒染後，可呈現出復古風的色彩。

豆漿

用於染前處理，能使布材更易上色。以牛奶代替亦可，但須留意可能會有味道殘留。

明礬

將染布進行媒染（固色＆發色）時使用。可在超市的醃菜區或藥局等處購買。

木醋酸鐵・銅媒染液

將染布進行鐵媒染、銅媒染（固色＆發色）時使用的媒染劑。可在染料專買店購買。

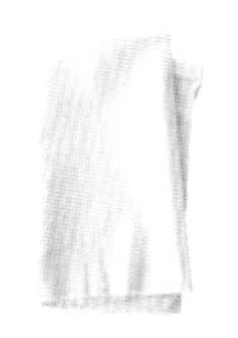

平織棉布

薄的平織布料。價格便宜，也常用於製作服裝的樣衣。表面略為粗糙，質感樸實。

羊毛不織布

由羊毛加工成片狀的不織布。優點是不會虛邊，也因為是動物纖維，即使不進行染前處理也能順利染色。

繡線

本書作品皆將DMC繡線（25號）染色後使用。請依繡圖標示，取指定的股數進行刺繡。

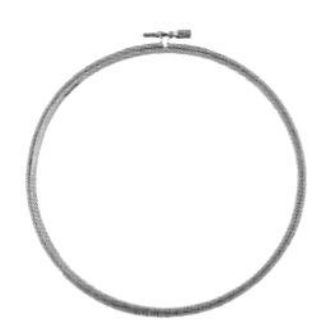

繡框

將布繃平，方便刺繡，且可防止起皺或咬布。圖案較大，無法一次框住時，可將繡布稍作分區挪動。

描圖紙

將描圖紙平放於圖案上，以鉛筆等描圖。可在均一價商店或文具店購買。

布用複寫紙

於布料上複寫圖案時使用。將複寫紙夾入布料&圖案紙之間，以鐵筆沿著圖案輪廓描畫，即可轉印。

玻璃紙

複寫圖案時，將玻璃紙重疊在描圖紙上，可避免鐵筆劃破紙張。

鐵筆

從玻璃紙上沿著圖案描畫。以沒有墨水的原子筆代替也OK。

粉土筆

沾水即可拭除的布料用記號筆。使用前，請先在相同的碎布料上測試是否可完全清除。

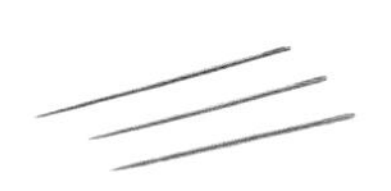

刺繡針

針孔大，方便繡線穿過的專用針。可配合繡線的股數選擇針號（針的粗細或長度）。

剪刀

裁剪布料或繡線時使用。裁剪細微處時，銳利的小剪刀將使作業更加順利。

花邊剪刀

刀刃呈鋸齒狀的布料用剪刀。在本書作品中，用於將不織布花瓣或葉片剪出波浪邊。

接著劑

布用或木工用的接著劑。在本書作品中，用於將不織布黏貼上耳環或胸針五金。

牙籤

於細小部位塗抹接著劑時使用。以牙籤的尖端沾取接著劑塗抹，成品不易有殘膠，將更為美觀。

錐子

在不織布上扎出耳環五金的穿孔。用於拆線或進行細部作業也相當便利。

定規尺

用於畫線、測量布料大小或指定尺寸。測量尺寸時使用捲尺也OK。

木珠

製作刺繡球時使用的木製圓珠。用於製作本書作品的果實或花苞。建議選擇無上色的白木珠。

包釦

以布片包覆後可製成鈕釦的塑膠組件。本書以無腳包釦作成耳環作品的底座。

圓平盤耳針

可在平盤上以接著劑黏貼布料。本書中是插進不織布固定，故選用較大平盤的款式。

別針

以旋轉式釦頭鎖定長針的款式。本書作品是先將別針縫於不織布後側，再以接著劑黏在作品背面。

染色步驟

從染前處理至乾燥為止的染色步驟。
在此使用1片20×20cm不織布・2束繡線進行染色。
如果染後顏色偏淡，可重複進行染色＆媒染的步驟，染出自己最喜歡的顏色。

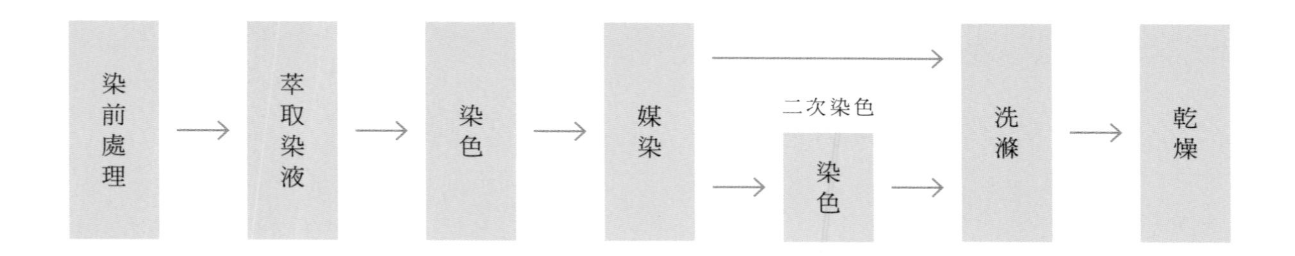

〔染前處理〕

棉麻等植物性纖維，與蠶絲或羊毛等動物性纖維相較，較不容易上色。雖然沒有進行染前處理仍可染色，但若能先以豆漿浸泡，使纖維附著上蛋白質，會更易上色＆顯色。

1

先以中性洗潔劑清洗布材，去除污垢或漿料。接著在碗中倒入常溫豆漿，放入布材，使豆漿浸透整塊布材，放置約一小時。

※此時，繡線也一併進行染前處理。

2

取出布料，輕輕扭擰後，暫時晾乾。接著在碗中倒入清水，輕柔洗滌晾乾的布料＆用力擰乾，染前處理即完成。

〔萃取染液〕

熬煮染材後得到的汁液，稱為染液。若以鋁製或銅製的鍋子進行熬煮，會有變色的可能性，因此建議選用琺瑯或不銹鋼鍋。在此示範教作中，使用黑豆進行熬煮，萃取染液。

1

300ml的水，使用140g的黑豆。（洋蔥皮、洋甘菊、扶桑花為15g／紅茶為6g／咖啡粉為8g）

2

黑豆放入水中，先浸泡30分鐘。（洋蔥皮、洋甘菊、扶桑花、紅茶、咖啡粉等不須浸泡，可直接進行下一步驟。）

3

以小火熬煮15分鐘後，染液萃取完成。（咖啡粉不須開火熬煮，以熱水溶化即可。）

〔染色〕

以染液進行染色。即使使用相同的染液，也會因香草的種類、布的材質、水質等，出現各式各樣的效果。若只進行染色（不作固色），雖然布材也會上色，但將隨著時間而逐漸褪色。

1

將黑豆從染液中取出，持續開著小火，放入已完成染前處理的羊毛不織布＆繡線。

2

以長筷不時攪拌，煮15至20分鐘。關火後，待其冷卻至室溫狀態。

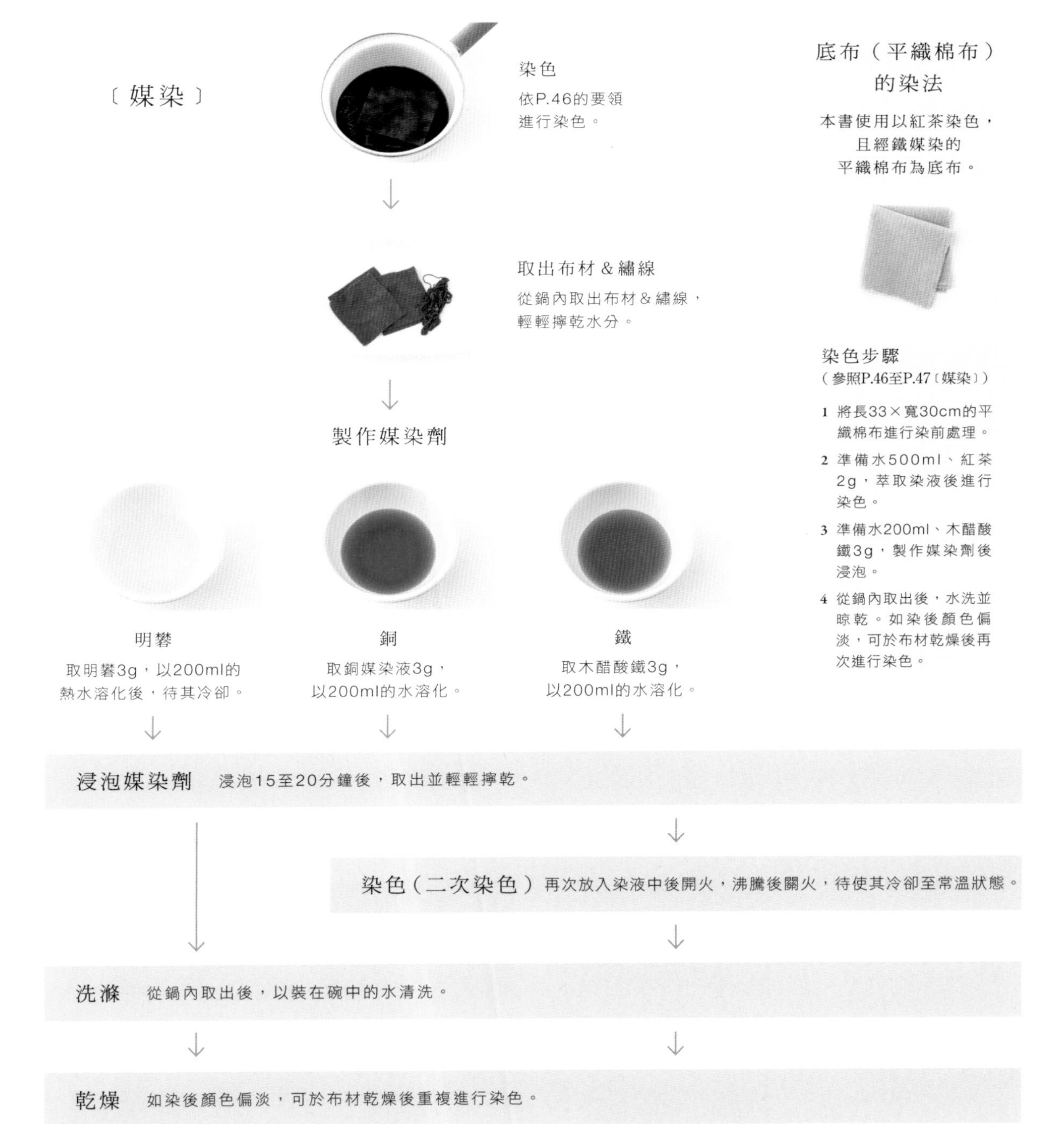

〔媒染〕

染色

依P.46的要領進行染色。

↓

取出布材＆繡線

從鍋內取出布材＆繡線，輕輕擰乾水分。

↓

製作媒染劑

明礬

取明礬3g，以200ml的熱水溶化後，待其冷卻。

銅

取銅媒染液3g，以200ml的水溶化。

鐵

取木醋酸鐵3g，以200ml的水溶化。

↓

浸泡媒染劑 浸泡15至20分鐘後，取出並輕輕擰乾。

↓

染色（二次染色） 再次放入染液中後開火，沸騰後關火，待使其冷卻至常溫狀態。

↓

洗滌 從鍋內取出後，以裝在碗中的水清洗。

↓

乾燥 如染後顏色偏淡，可於布材乾燥後重複進行染色。

底布（平織棉布）的染法

本書使用以紅茶染色，且經鐵媒染的平織棉布為底布。

染色步驟

（參照P.46至P.47〔媒染〕）

1. 將長33×寬30cm的平織棉布進行染前處理。
2. 準備水500ml、紅茶2g，萃取染液後進行染色。
3. 準備水200ml、木醋酸鐵3g，製作媒染劑後浸泡。
4. 從鍋內取出後，水洗並晾乾。如染後顏色偏淡，可於布材乾燥後再次進行染色。

染色完成！

明礬

銅

鐵

明礬（二次染色）

歷時變化的顏色對照

草木染容易隨著時間而變色，但觀賞顏色漸趨沉穩的過程也是迷人的樂趣之一。

色彩樣本

染色＆媒染的顏色變化公開！此頁的色彩樣本僅為進行草木染時的參考。
請在實際的操作中，細細品味偶然產生的顏色＆依循時間漸進而產生的顏色變化。

〔標記說明〕

此處是以1片20×20cm不織布（白色）、2束繡線（米色）進行染色時的分量為標示基準。
媒染劑是以水200ml，分別加入明礬、銅媒染液、木醋酸鐵各3g所製成。
染材（濃）指的是染濃一點時的使用分量，（淡）指的是染淡一點時的使用分量。

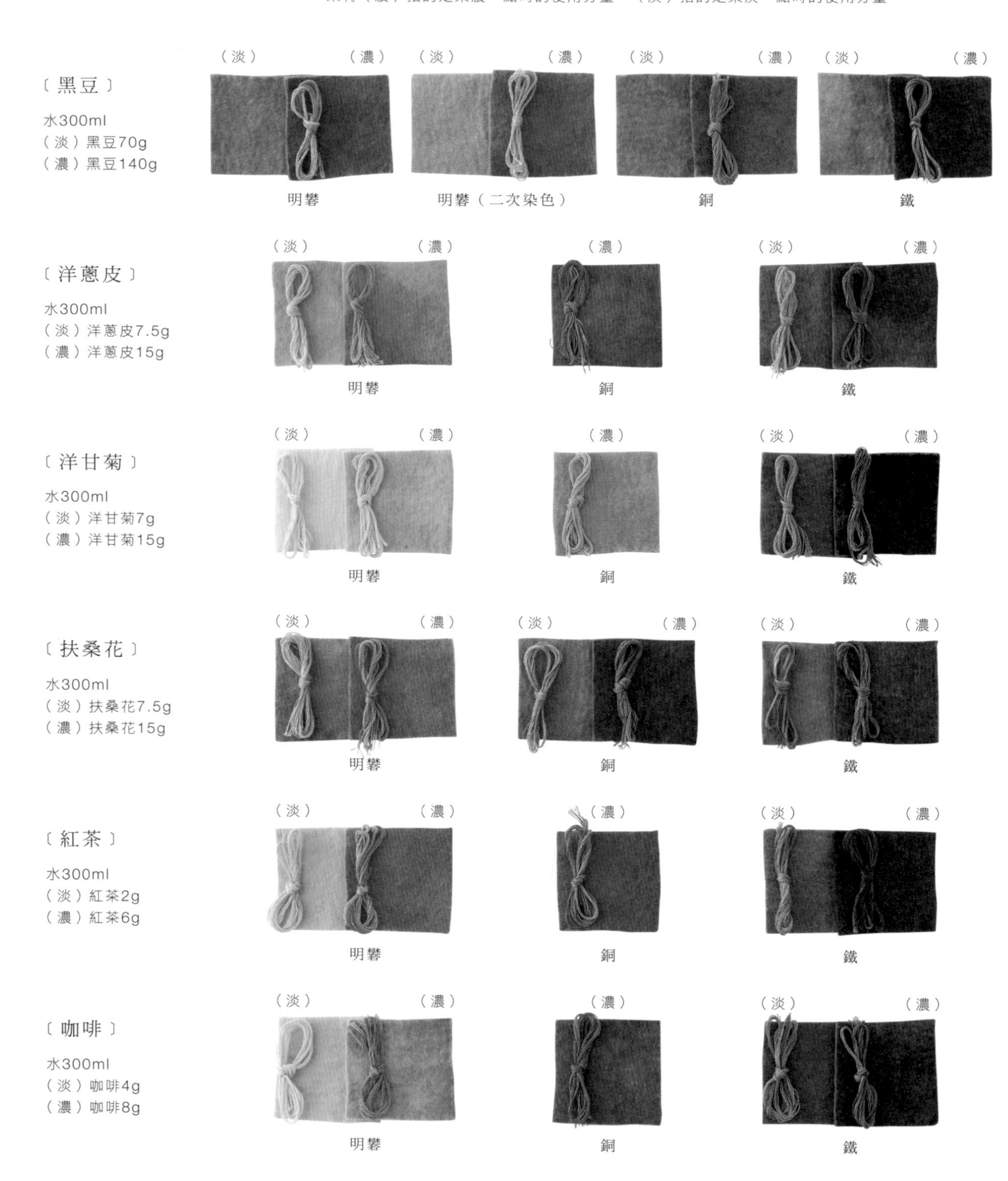

〔黑豆〕

明礬
・銀蓮花
・蓬虆
・杜鵑花
・香堇菜
・矮牽牛
・紫露草
・矢車菊
・紫露草（襯衫・耳環）
・矮牽牛（裙子）
・矢車菊（裙子）

明礬（二次染色）
・繡球花 額繡球
・黑種草
・蛇葡萄
・香堇菜
・矢車菊
・杜鵑花（襯衫）
・黑種草（裙子）
・花菱草（裙子）
・矮牽牛（裙子）
・矢車菊（耳環）
・銀蓮花（胸針）

銅
・繡球花 常山繡球
・繡球花 額繡球
・蓬虆
・黑種草
・蛇葡萄
・香堇菜
・繡球花 額繡球（襯衫・耳環）
・甜秋鐵線蓮（襯衫）
・繡球花 常山繡球（裙子）
・黑種草（裙子・耳環）
・花菱草（裙子）

鐵
・繡球花 常山繡球
・繡球花 額繡球
・蓬虆
・杜鵑花
・蛇葡萄
・香堇菜
・矢車菊
・繡球花 額繡球（襯衫・耳環）
・杜鵑花（襯衫）
・日本野薔薇（襯衫）
・繡球花 常山繡球（裙子）
・花菱草（裙子）
・矮牽牛（裙子）
・甜秋鐵線蓮（胸針）
・矢車菊（耳環）

〔洋蔥皮〕

明礬
・金絲桃
・花菱草
・香堇菜
・紫露草
・紫露草（襯衫・耳環）
・金絲桃（裙子・耳環）

銅
・花菱草
・香堇菜

鐵
・金絲桃
・花菱草
・香堇菜
・矮牽牛
・金絲桃（裙子）

〔洋甘菊〕

明礬
・芫荽
・甜秋鐵線蓮
・魚腥草
・油菜花
・日本野薔薇
・春飛蓬
・香堇菜
・矮牽牛
・魚腥草（襯衫）
・春飛蓬（襯衫）
・甜秋鐵線蓮（耳環）
・油菜花（耳環）
・日本野薔薇（耳環）

銅
※僅出現於色彩樣本。

鐵
・芫荽
・魚腥草
・油菜花
・黑種草
・日本野薔薇
・蛇葡萄
・春飛蓬
・香堇菜
・魚腥草（襯衫）
・黑種草（裙子・耳環）

〔扶桑花〕

明礬
・繡球花 額繡球
・石竹
・黑種草
・春飛蓬
・香堇菜
・繡球花 額繡球（襯衫・胸針）
・杜鵑花（襯衫）
・日本野薔薇（襯衫）
・春飛蓬（襯衫）
・石竹（裙子・耳環）
・黑種草（裙子）

銅
・繡球花 額繡球
・蓬虆
・黑種草
・蛇葡萄
・香堇菜
・蓬虆（襯衫）
・春飛蓬（襯衫）
・繡球花 額繡球（胸針）

鐵
・銀蓮花
・杜鵑花
・石竹
・香堇菜
・石竹（裙子・耳環）
・繡球花 額繡球（胸針）

〔紅茶〕

明礬
・黑種草
・矢車菊
・杜鵑花（襯衫）

銅
※僅出現於色彩樣本。

鐵
・繡球花 額繡球
・銀蓮花
・油菜花
・香堇菜
・矢車菊
・杜鵑花（襯衫）
・魚腥草（襯衫）
・繡球花 常山繡球（裙子）
・矢車菊（裙子）
・芫荽（耳環）
・銀蓮花（胸針）

〔咖啡〕

明礬
・繡球花 常山繡球
・石竹
・油菜花（胸針）
・繡球花 額繡球（襯衫）
・蓬虆（襯衫）
・紫露草（襯衫）
・黑種草（裙子）
・油菜花（胸針）

銅
・紫露草（襯衫）

鐵
・杜鵑花
・紫露草
・石竹（裙子）
・日本野薔薇（襯衫）
・黑種草（裙子）
・花菱草（裙子）
・矮牽牛（裙子）
・矢車菊（裙子）

基本作法

① 將平織棉布、羊毛不織布、繡線，依指定方式進行染色（參照P.46）。
② 以描圖紙複寫圖案。
③ 在①平織棉布上，依序擺放上布用複寫紙（有色面朝下）、②、玻璃紙，以鐵筆沿著輪廓描畫，將圖案轉印至平織棉布。
④ 依紙型裁剪①羊毛不織布，製作花片＆葉片。
⑤ 將③平織棉布固定於繡框，依指定刺繡針法進行貼布片除外的圖案刺繡。
⑥ 將花片＆葉片置於圖示位置，依指定針法進行刺繡。

〔標記說明〕

無標示放大倍數的圖案＆紙型為原寸大小。圖案中的有色區塊代表羊毛不織布的位置。圖案中（）內的數字代表使用繡線的股數。使用的染材（濃）（淡），意指染材的使用分量（參照P.48）。

hydrangea

繡球花（常山繡球）

完成尺寸：長15×寬12㎝

>> p.4

〔使用的染材〕

底布（平織棉布）紅茶鐵媒染……灰色

A
- 花（羊毛不織布）
- 黑豆（濃）鐵媒染……藍色
- 葉（羊毛不織布）
- 咖啡（濃）明礬媒染……茶色

B
- 花（羊毛不織布）
- 黑豆（淡）鐵媒染……藍色
- 葉（羊毛不織布）
- 咖啡（淡）明礬媒染……米色

A,B共通
- 花苞球（繡線）、花脈・葉脈（繡線）
- 黑豆（濃）鐵媒染……藍色
- 花蕊（繡線）
- 黑豆（濃）銅媒染……綠松色

〔材料〕

平織棉布
羊毛不織布（白色）
25號DMC繡線 米色（ECRU）……適量
木珠（直徑5㎜）……14個

| hydrangea |

繡球花（額繡球）

完成尺寸：長18×寬13cm

>> p.6

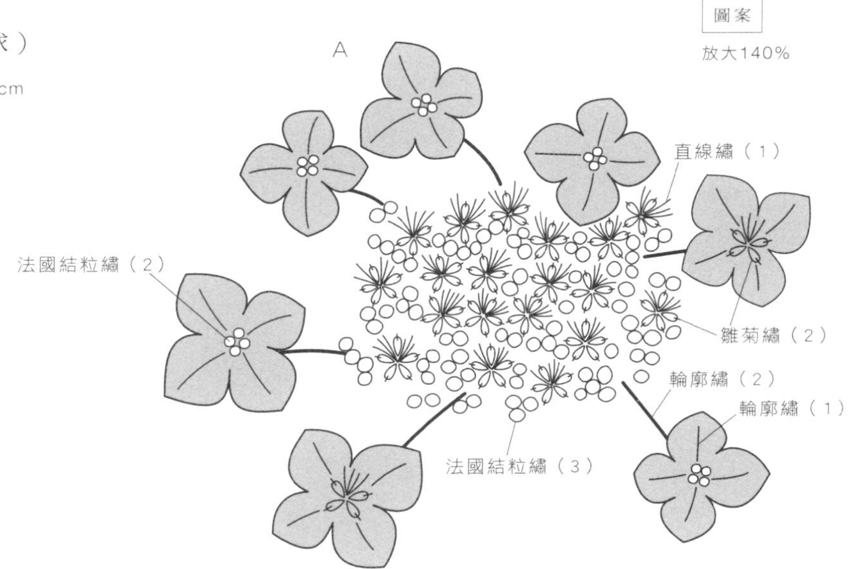

〔使用的染材〕

底布（平織棉布）紅茶鐵媒染……灰色

A
- **花（羊毛不織布）、花脈（繡線）**
  黑豆（濃）明礬媒染的二次染色……紫色
- **不織布花的花蕊（繡線）**
  黑豆（濃）鐵媒染……藍色
- **中央的刺繡小花（繡線）**
  紅茶（濃）鐵媒染……灰色
  黑豆（濃）鐵媒染……藍色
- **中央的刺繡花苞（繡線）**
  黑豆（濃）明礬媒染的二次染色……粉紅色
  黑豆（濃）銅媒染……綠松色
  黑豆（濃）鐵媒染……藍色
- **莖（繡線）**
  黑豆（濃）明礬媒染的二次染色……粉紅色

B
- **花（羊毛不織布）、花脈（繡線）**
  扶桑花（濃）明礬媒染……粉紅色
- **不織布花的花蕊（繡線）**
  扶桑花（濃）銅媒染……藍色
- **中央的刺繡小花（繡線）**
  扶桑花（濃）銅媒染……藍色
  紅茶（淡）鐵媒染……灰色
- **中央的刺繡花苞（繡線）**
  扶桑花（濃）明礬媒染……粉紅色
  扶桑花（濃）銅媒染……藍色
- **葉（羊毛不織布）、葉脈（繡線）**
  扶桑花（濃）銅媒染……藍色

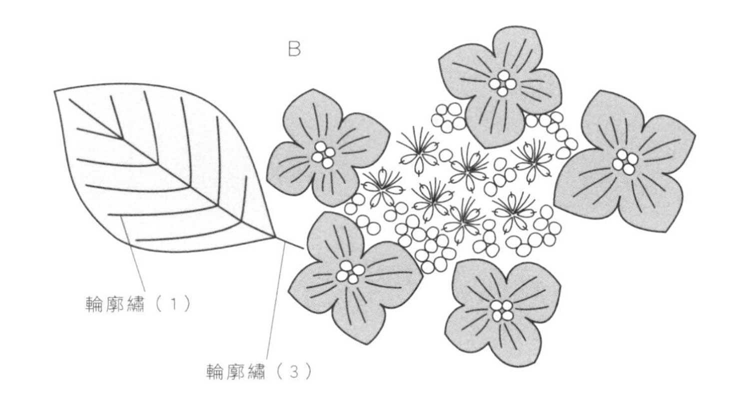

〔材料〕

平織棉布
羊毛不織布（白色）
25號DMC繡線 米色（ECRU）……適量

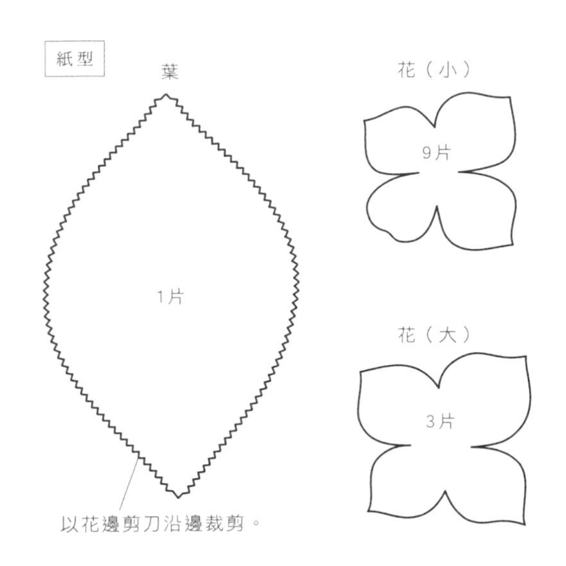

anemone

銀蓮花

完成尺寸：長17×寬7.5㎝

>> p.8

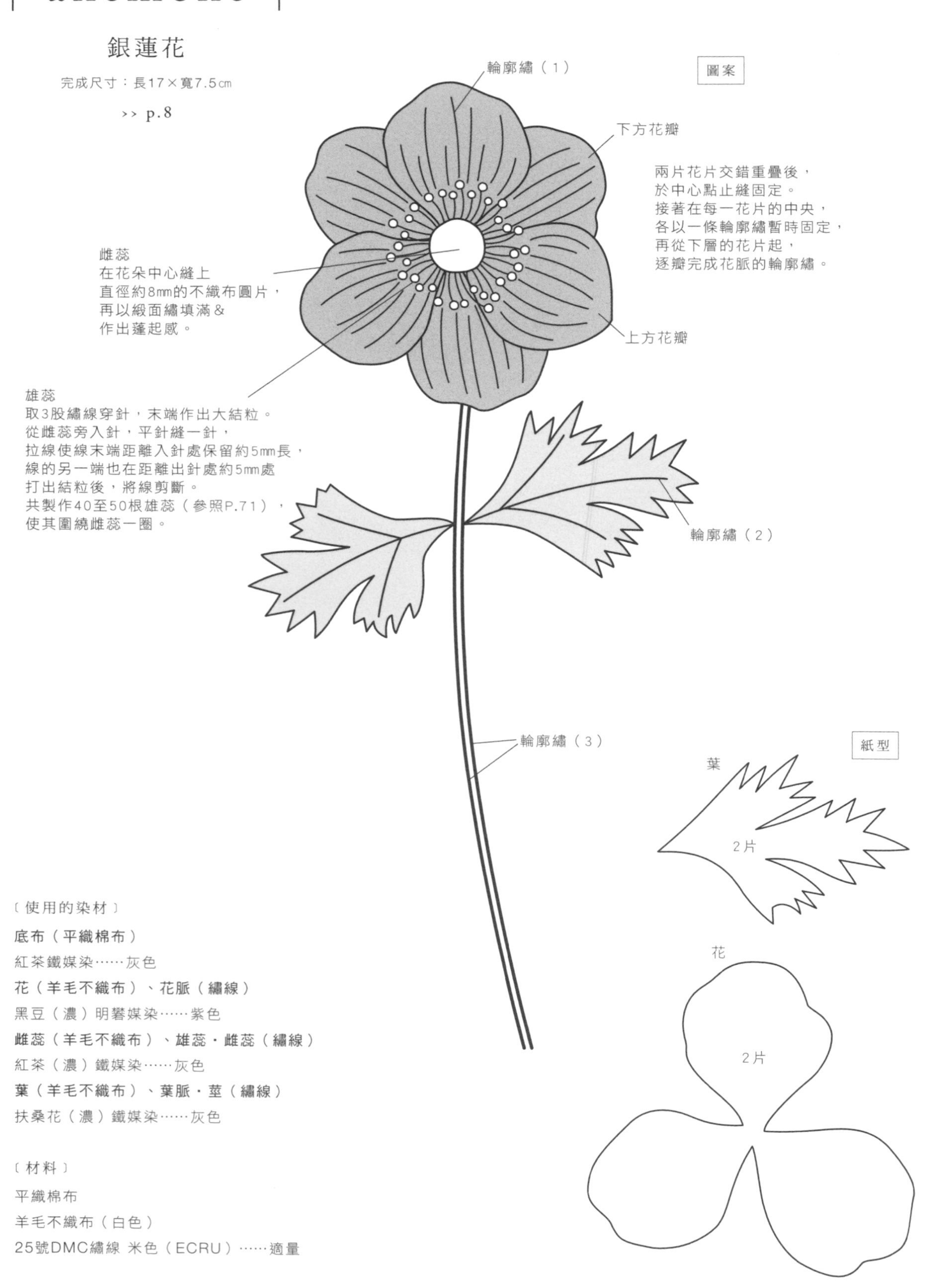

〔使用的染材〕

底布（平織棉布）

紅茶鐵媒染……灰色

花（羊毛不織布）、花脈（繡線）

黑豆（濃）明礬媒染……紫色

雌蕊（羊毛不織布）、雄蕊・雌蕊（繡線）

紅茶（濃）鐵媒染……灰色

葉（羊毛不織布）、葉脈・莖（繡線）

扶桑花（濃）鐵媒染……灰色

〔材料〕

平織棉布

羊毛不織布（白色）

25號DMC繡線 米色（ECRU）……適量

rubus hirsutus

蓬虆

完成尺寸：長14×寬13.7cm

›› p.10

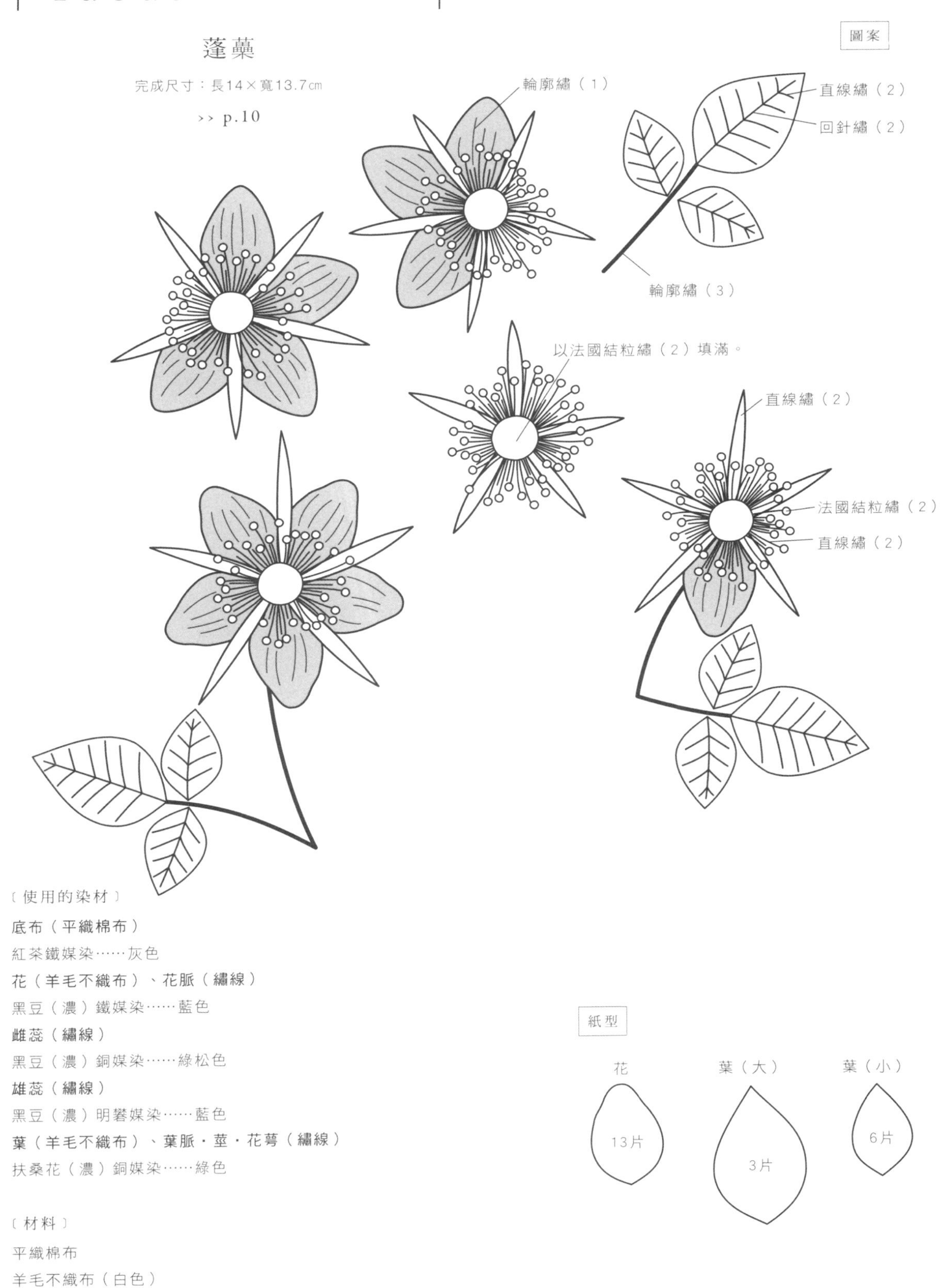

〔使用的染材〕

底布（平織棉布）

紅茶鐵媒染……灰色

花（羊毛不織布）、花脈（繡線）

黑豆（濃）鐵媒染……藍色

雌蕊（繡線）

黑豆（濃）銅媒染……綠松色

雄蕊（繡線）

黑豆（濃）明礬媒染……藍色

葉（羊毛不織布）、葉脈・莖・花萼（繡線）

扶桑花（濃）銅媒染……綠色

〔材料〕

平織棉布

羊毛不織布（白色）

25號DMC繡線 米色（ECRU）……適量

coriander

芫荽

完成尺寸：長16.5×寬12㎝

>> p.12

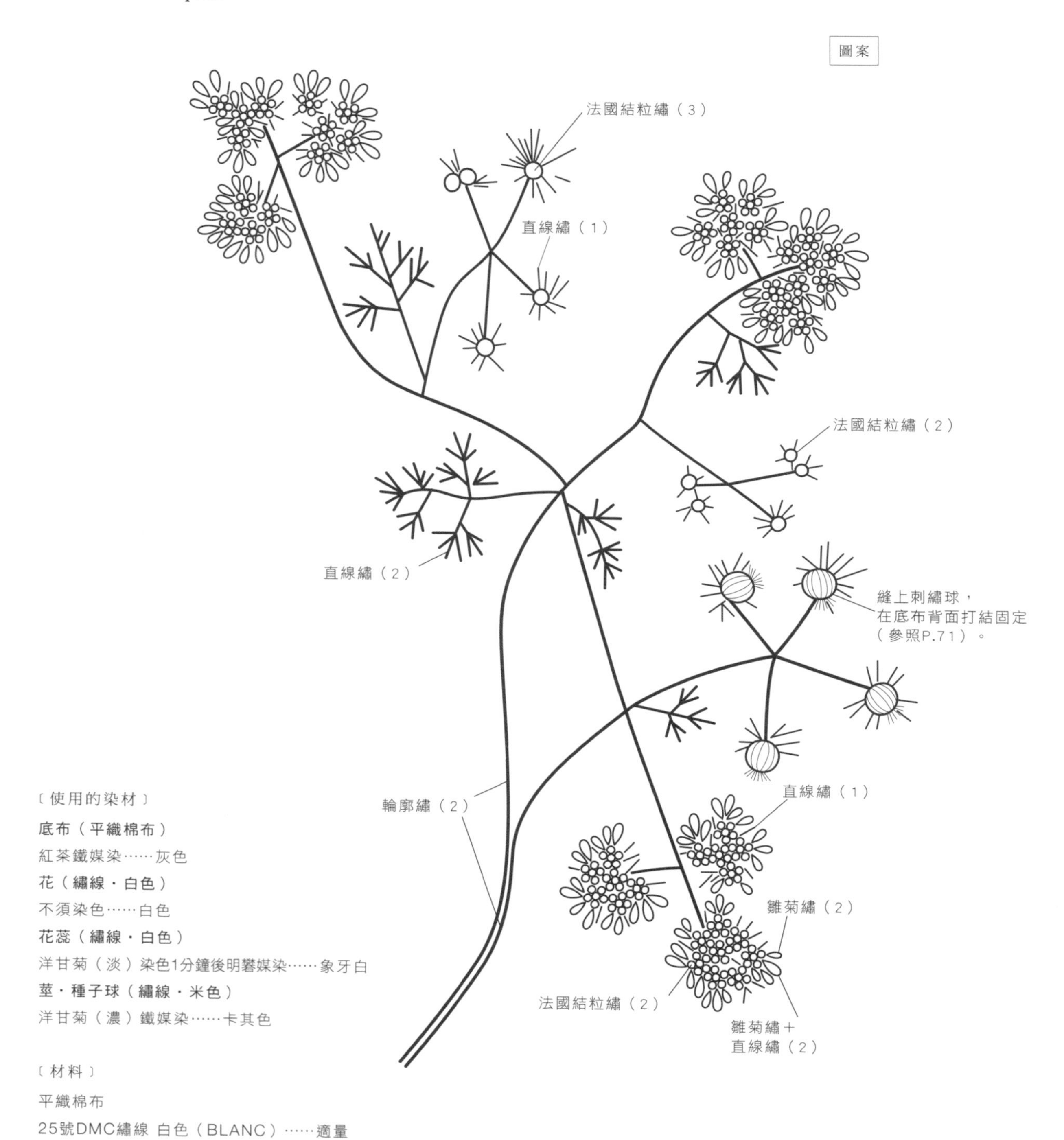

〔使用的染材〕

底布（平織棉布）

紅茶鐵媒染……灰色

花（繡線・白色）

不須染色……白色

花蕊（繡線・白色）

洋甘菊（淡）染色1分鐘後明礬媒染……象牙白

莖・種子球（繡線・米色）

洋甘菊（濃）鐵媒染……卡其色

〔材料〕

平織棉布

25號DMC繡線 白色（BLANC）……適量

25號DMC繡線 米色（ECRU）……適量

木珠（直徑4㎜）……4個

st. john's wort

金絲桃

完成尺寸：長14×寬8㎝

>> p.14

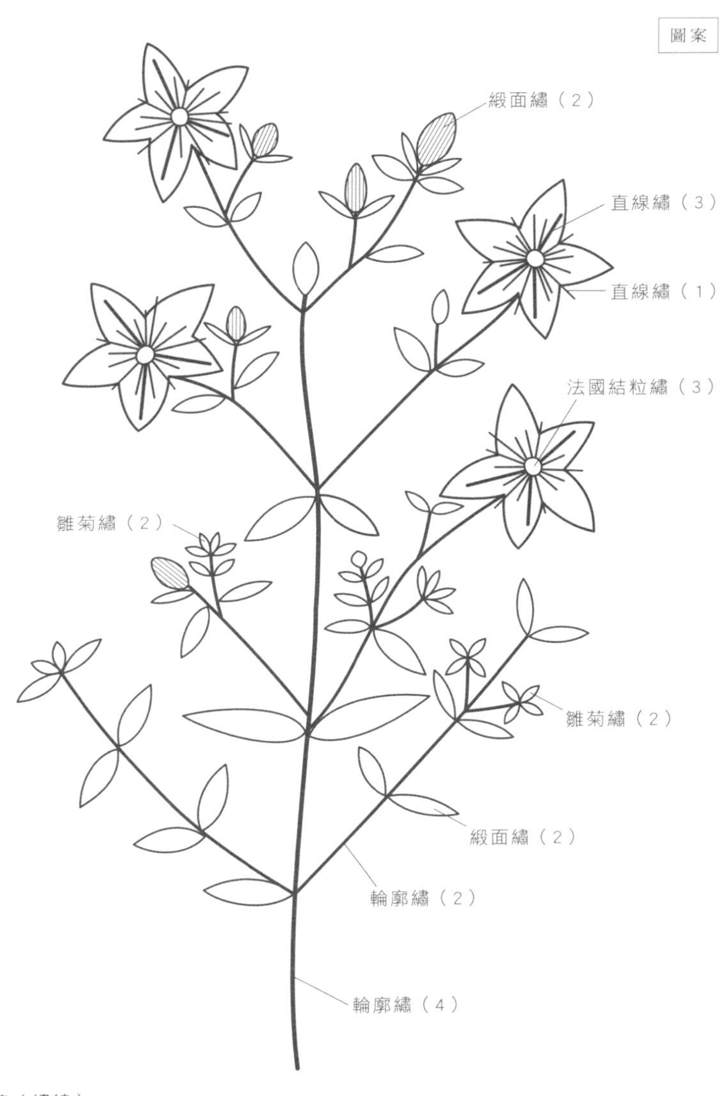

〔使用的染材〕

底布（平織棉布）

紅茶鐵媒染……灰色

花（羊毛不織布）、雌蕊・雄蕊（繡線）

洋蔥（淡）明礬媒染……黃色

雄蕊（繡線）

洋蔥（濃）明礬媒染……橘色

葉・莖（繡線）

洋蔥（濃）鐵媒染……卡其色

〔材料〕

平織棉布

羊毛不織布（白色）

25號DMC繡線 米色（ECRU）……適量

紙型

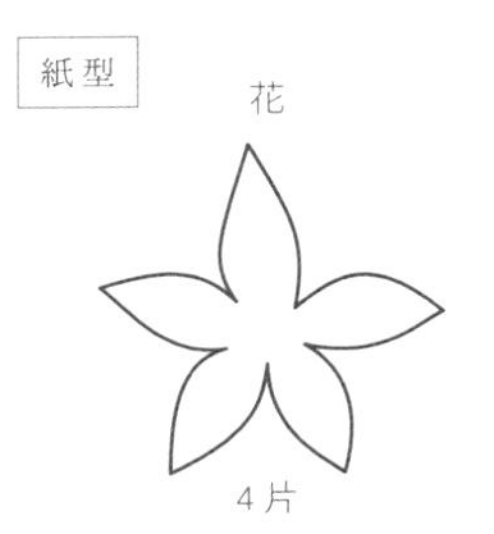

sweet autumn clematis

甜秋鐵線蓮

完成尺寸：長14×寬14㎝

>> p.16

圖案

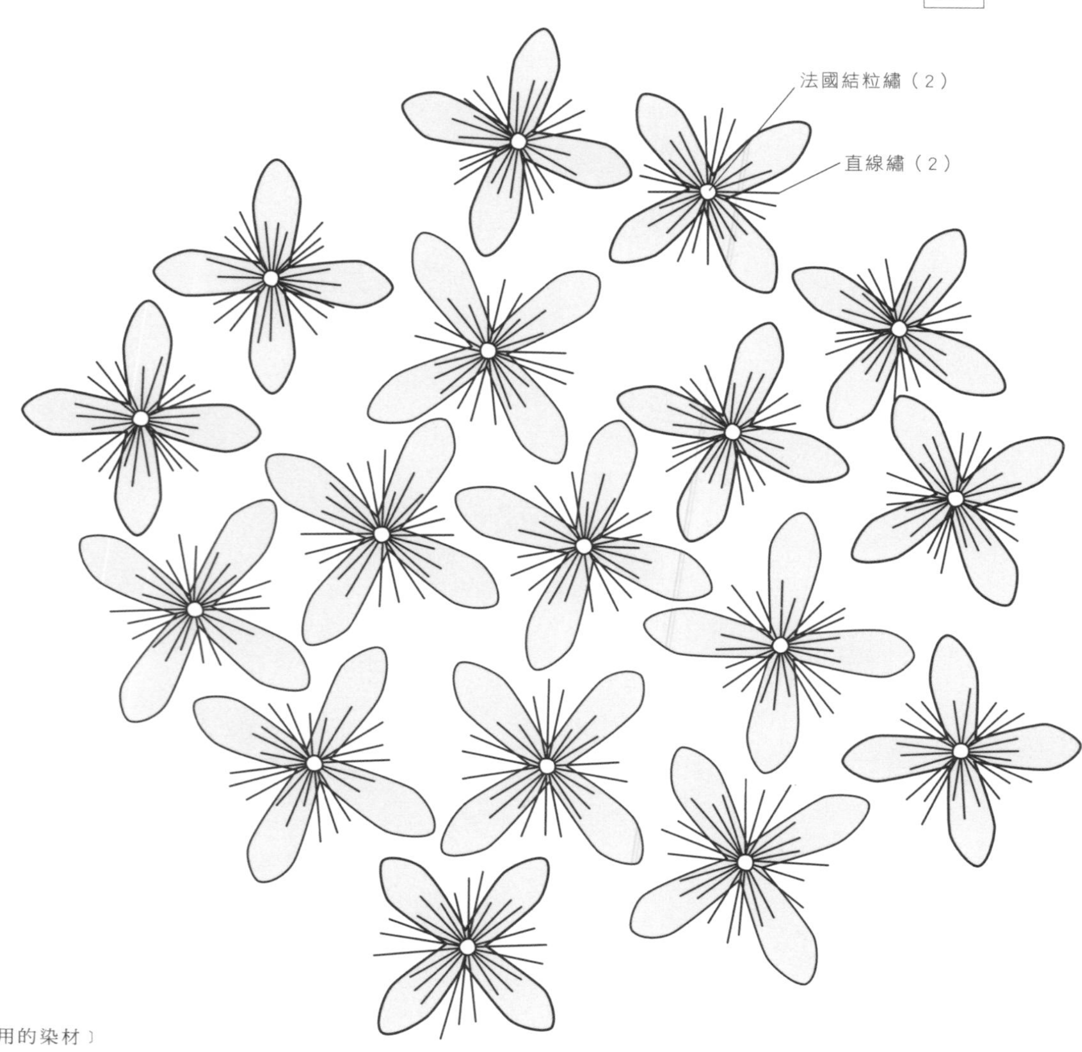

〔使用的染材〕

底布（平織棉布）

紅茶鐵媒染……灰色

花（羊毛不織布）、雌蕊（繡線・米色）

洋甘菊（淡）明礬媒染……米色

雄蕊（繡線・白色）

洋甘菊（淡）染色1分鐘後明礬媒染……米色

〔材料〕

平織棉布

羊毛不織布（白色）

25號DMC繡線 白色（BLANC）……適量

25號DMC繡線 米色（ECRU）……適量

花（大）

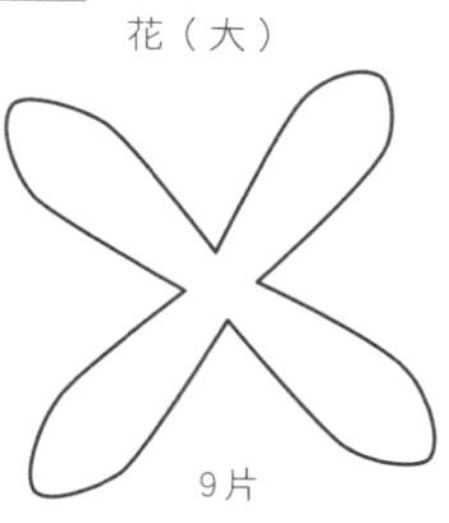

9片

花（小）

8片

tsutsuji (azalea)

杜鵑花

完成尺寸：長10.5×寬10㎝

>> p.18

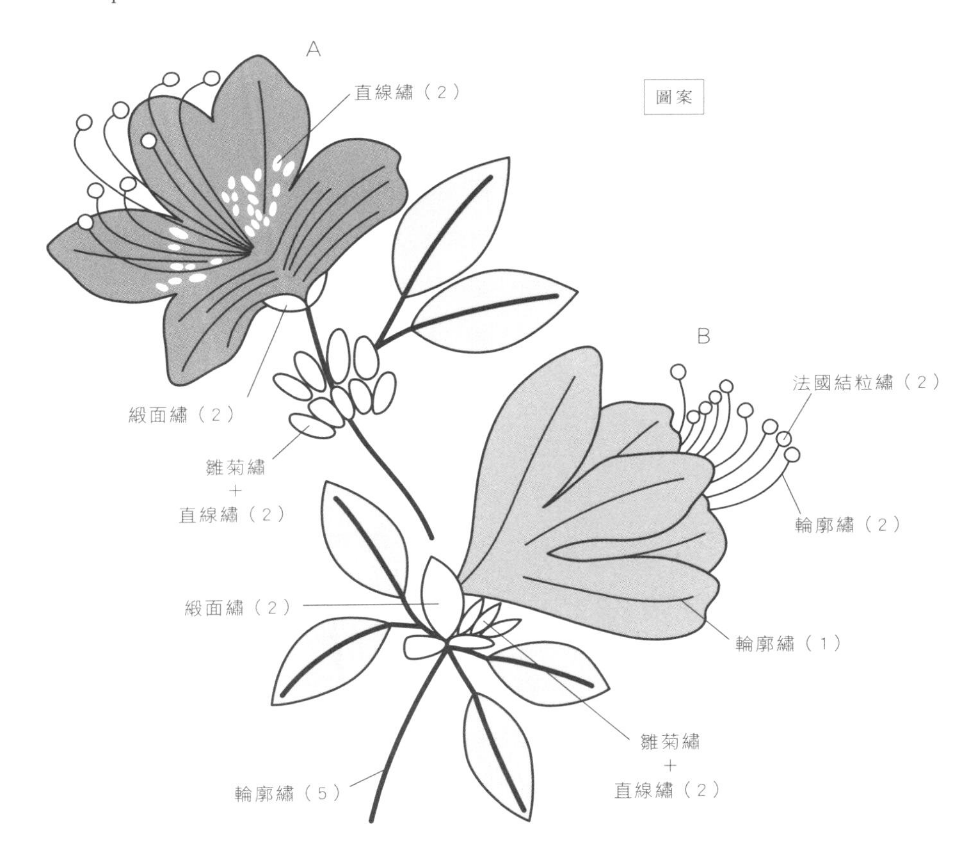

〔使用的染材〕

底布（平織棉布）紅茶鐵媒染……灰色

A
- 花（羊毛不織布）、斑點・花脈（繡線）
- 黑豆（濃）鐵媒染……藍色
- 花蕊（繡線）
- 黑豆（濃）明礬媒染……紫色

B
- 花（羊毛不織布）、花脈（繡線）
- 扶桑花（濃）鐵媒染……紫色
- 花蕊（繡線）
- 黑豆（濃）明礬媒染……紫色

A,B 共通
- 葉（羊毛不織布）、
- 葉脈・花苞・莖・花萼（繡線）
- 咖啡（濃）鐵媒染……卡其色

〔材料〕

平織棉布

羊毛不織布（白色）

25號DMC繡線 米色（ECRU）……適量

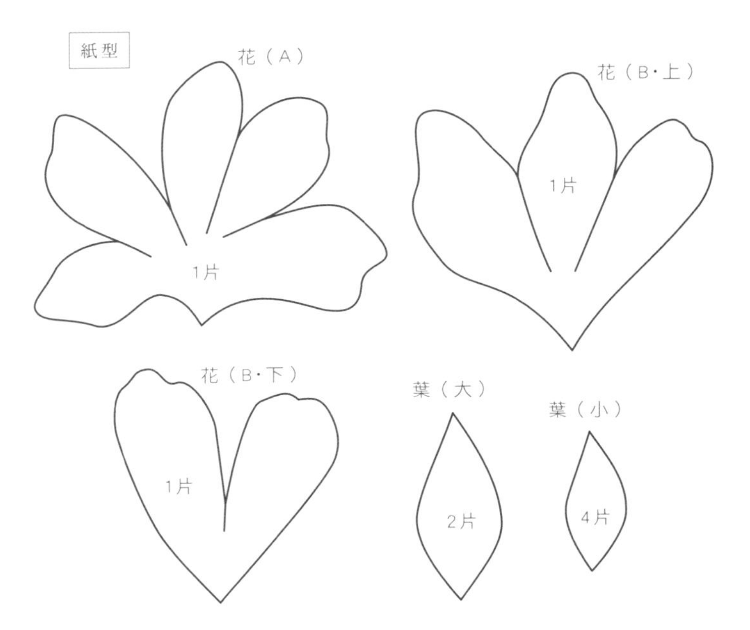

houttuynia cordata

魚腥草

完成尺寸：長17×寬11cm

>> p.19

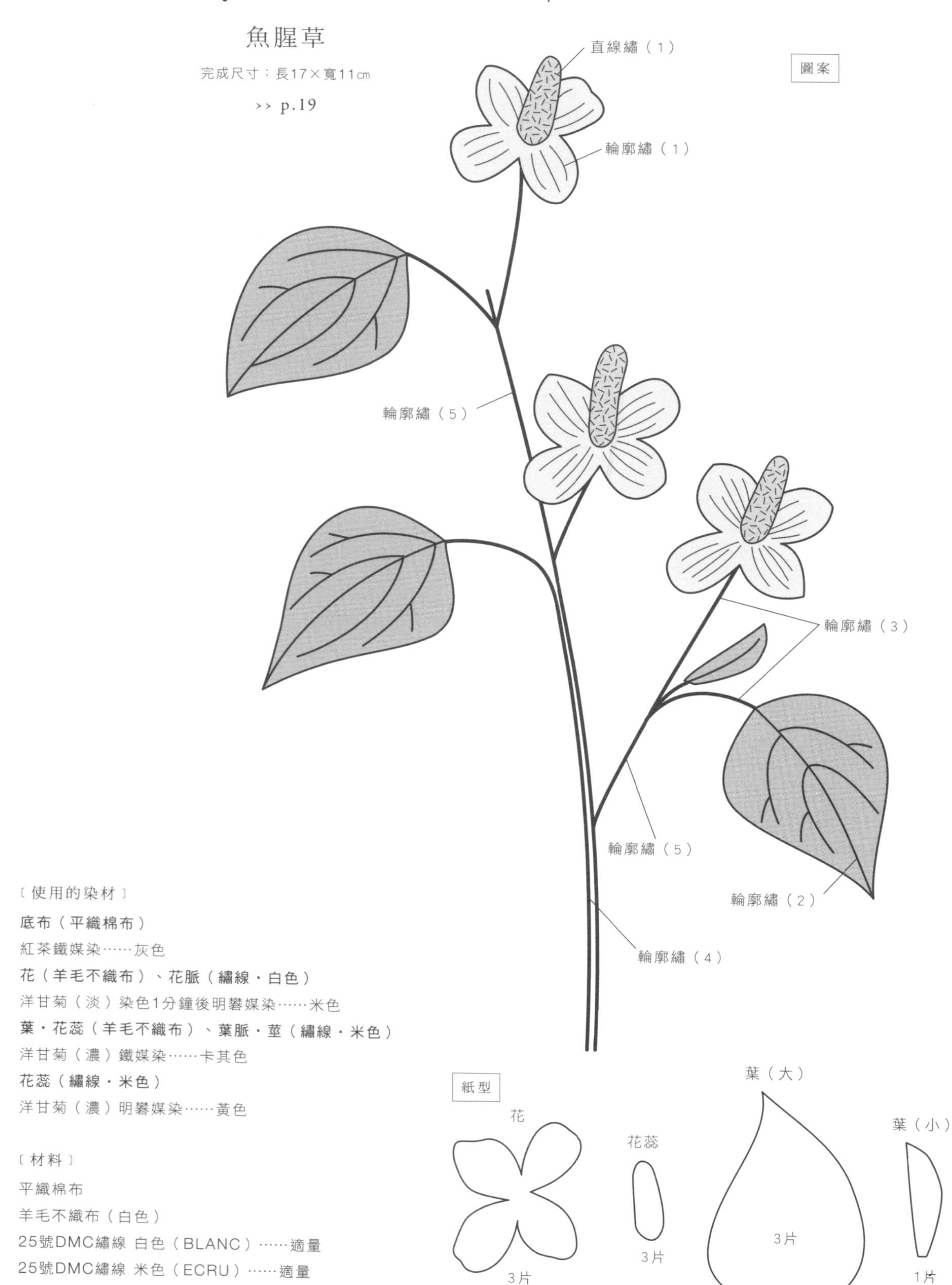

〔使用的染材〕

底布（平織棉布）

紅茶鐵媒染……灰色

花（羊毛不織布）、花脈（繡線・白色）

洋甘菊（淡）染色1分鐘後明礬媒染……米色

葉・花蕊（羊毛不織布）、葉脈・莖（繡線・米色）

洋甘菊（濃）鐵媒染……卡其色

花蕊（繡線・米色）

洋甘菊（濃）明礬媒染……黃色

〔材料〕

平織棉布

羊毛不織布（白色）

25號DMC繡線 白色（BLANC）……適量

25號DMC繡線 米色（ECRU）……適量

dianthus

石竹

完成尺寸：長10×寬10㎝

>> p.20

圖案

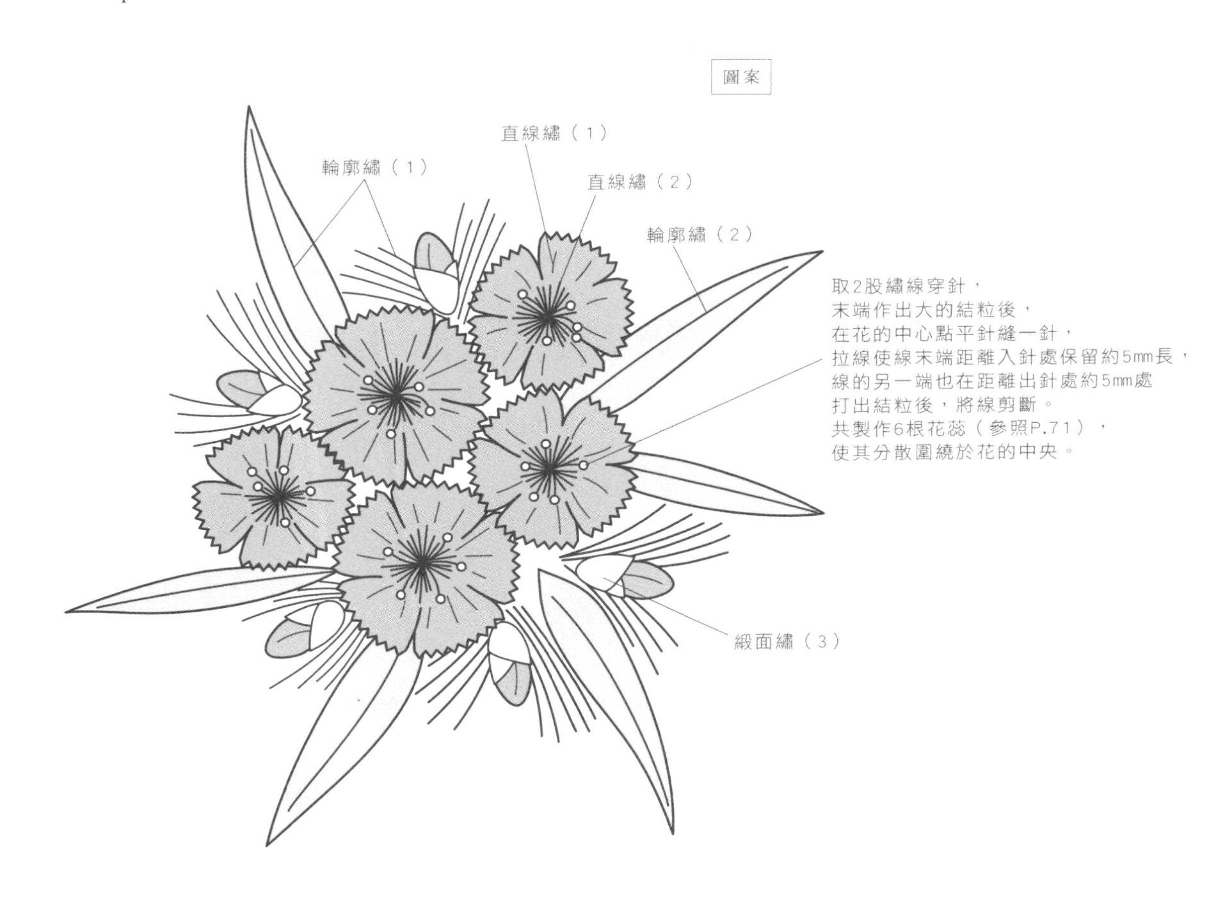

紙型

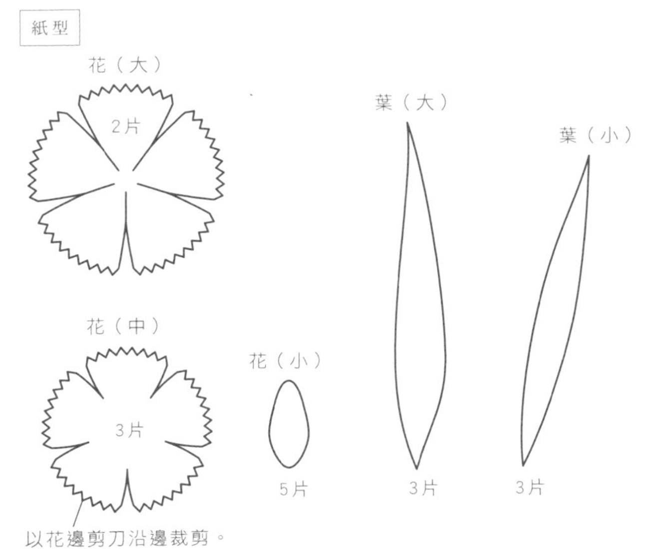

〔使用的染材〕

底布（平織棉布）

紅茶鐵媒染……灰色

花・花苞（羊毛不織布）、花脈・花萼（繡線）

扶桑花（濃）明礬媒染……粉紅色

花蕊（繡線）

扶桑花（濃）鐵媒染……紫色

葉（羊毛不織布）、葉脈（繡線）

咖啡（濃）明礬媒染……米色

〔材料〕

平織棉布

羊毛不織布（白色）

25號DMC繡線 米色（ECRU）……適量

| canola flower |

油菜花

完成尺寸：長5.5×寬8cm

>> p.22

圖案

〔使用的染材〕

底布（平織棉布）

紅茶鐵媒染……灰色

花（羊毛不織布）、花脈・中央的刺繡小花（繡線・米色）

洋甘菊（濃）明礬媒染……黃色

花蕊・中央莖（繡線・米色）

洋甘菊（濃）鐵媒染……灰色

蝴蝶（羊毛不織布）、翅膀紋路（繡線・白色）

洋甘菊（淡）明礬媒染……米色

翅膀圖案（繡線・米色）

洋甘菊（濃）染色1分鐘後明礬媒染……黃色

洋甘菊（濃）鐵媒染……灰色

紅茶（濃）鐵媒染……墨黑色

〔材料〕

平織棉布

羊毛不織布（白色）

25號DMC繡線 白色（BLANC）……適量

25號DMC繡線 米色（ECRU）……適量

紙型

花（大）

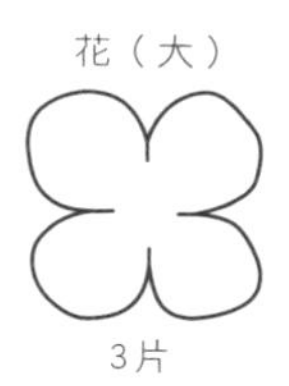

3片

花（中）

7片

花（小）

4片

蝴蝶（上）　蝴蝶（下）

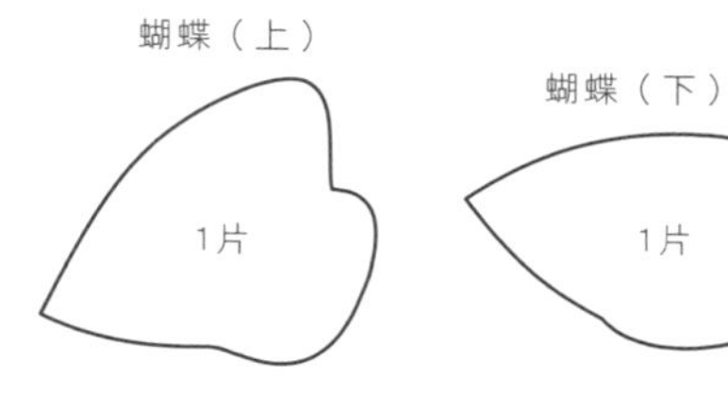

nigella

黑種草

完成尺寸：長20.5×寬17cm

›› p.24

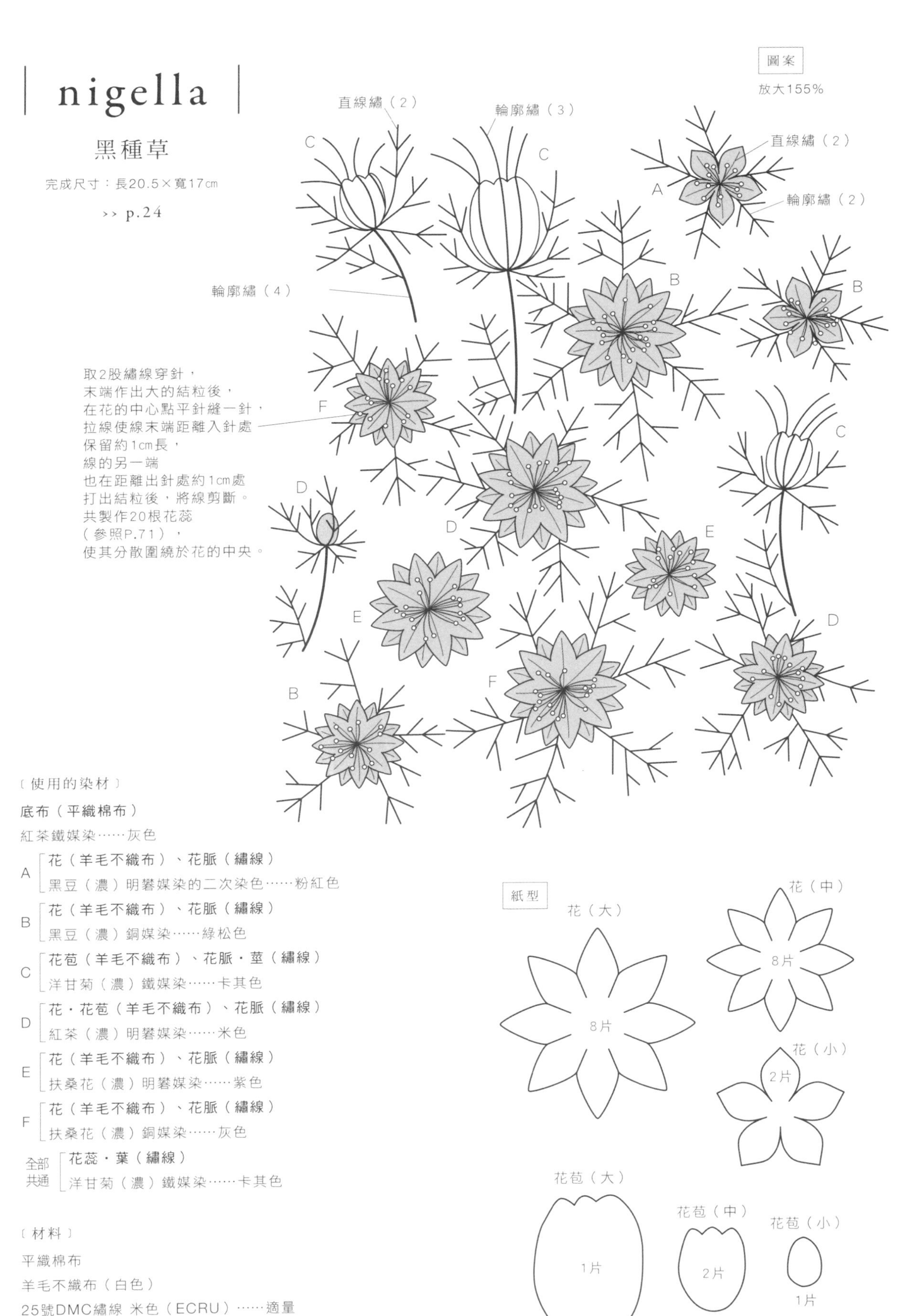

〔使用的染材〕

底布（平織棉布）

紅茶鐵媒染……灰色

A　**花（羊毛不織布）、花脈（繡線）**
　　黑豆（濃）明礬媒染的二次染色……粉紅色

B　**花（羊毛不織布）、花脈（繡線）**
　　黑豆（濃）銅媒染……綠松色

C　**花苞（羊毛不織布）、花脈・莖（繡線）**
　　洋甘菊（濃）鐵媒染……卡其色

D　**花・花苞（羊毛不織布）、花脈（繡線）**
　　紅茶（濃）明礬媒染……米色

E　**花（羊毛不織布）、花脈（繡線）**
　　扶桑花（濃）明礬媒染……紫色

F　**花（羊毛不織布）、花脈（繡線）**
　　扶桑花（濃）銅媒染……灰色

全部共通　**花蕊・葉（繡線）**
　　洋甘菊（濃）鐵媒染……卡其色

〔材料〕

平織棉布

羊毛不織布（白色）

25號DMC繡線 米色（ECRU）……適量

rosa multiflora

日本野薔薇

完成尺寸：長16×寬11㎝

›› p.26

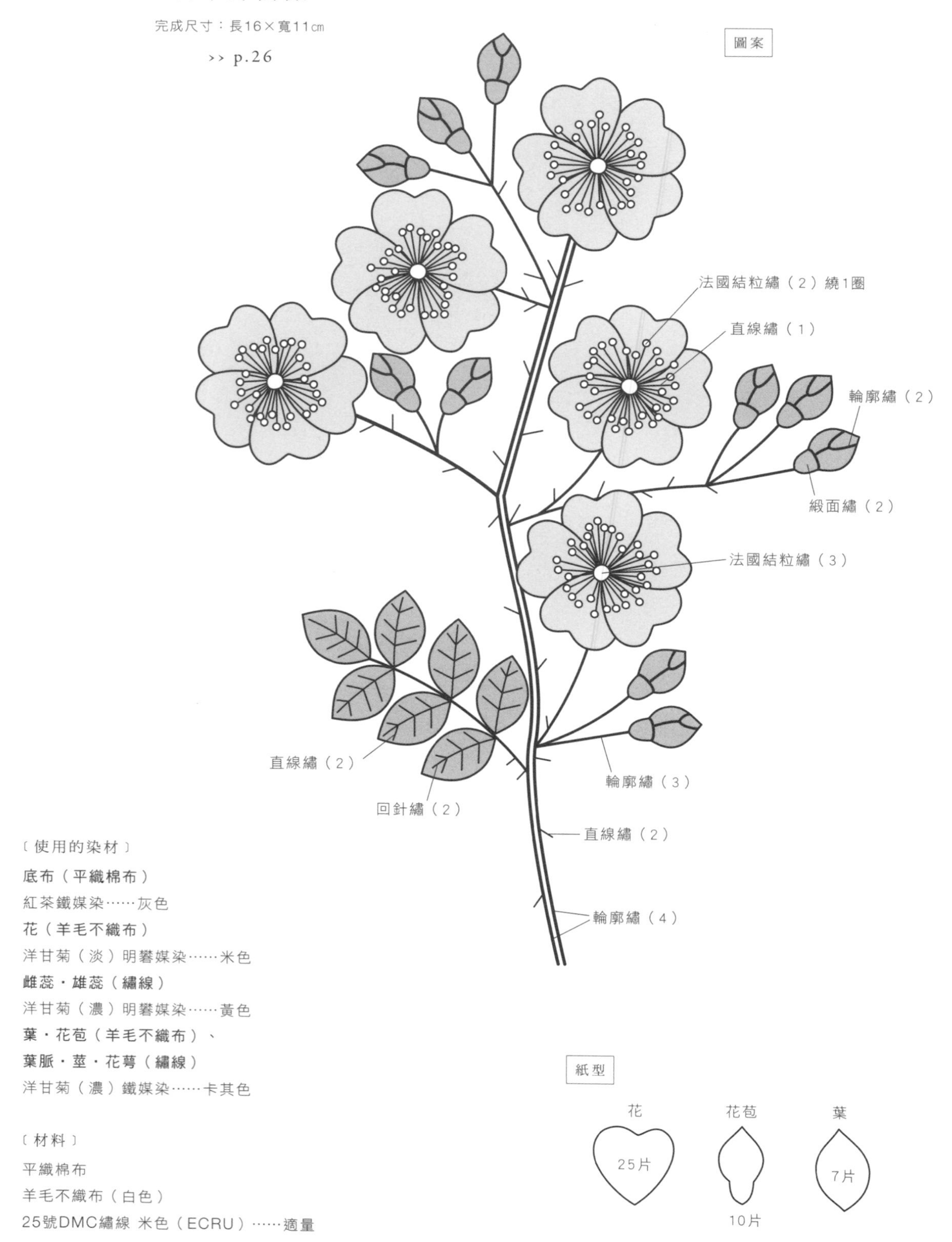

〔使用的染材〕

底布（平織棉布）

紅茶鐵媒染……灰色

花（羊毛不織布）

洋甘菊（淡）明礬媒染……米色

雌蕊・雄蕊（繡線）

洋甘菊（濃）明礬媒染……黃色

葉・花苞（羊毛不織布）、

葉脈・莖・花萼（繡線）

洋甘菊（濃）鐵媒染……卡其色

〔材料〕

平織棉布

羊毛不織布（白色）

25號DMC繡線 米色（ECRU）……適量

| wild grape |

蛇葡萄

完成尺寸：長16×寬13㎝

›› p.28

圖案

輪廓繡（2）

縫上刺繡球，
在底布背面打結固定
（參照P.71）。

法國結粒繡（2）

輪廓繡（2）

輪廓繡（1）

〔使用的染材〕

底布（平織棉布）

紅茶鐵媒染……灰色

葉（羊毛不織布）、葉脈・莖（繡線）

扶桑花（濃）銅媒染……灰色

花苞（繡線）

洋甘菊（濃）鐵媒染……卡其色

果實球（繡線）

黑豆（濃）明礬媒染的二次染色……粉紅色

黑豆（濃）銅媒染……綠松色

黑豆（濃）鐵媒染……藍色

洋甘菊（濃）鐵媒染……卡其色

〔材料〕

平織棉布

羊毛不織布（白色）

25號DMC繡線 米色（ECRU）……適量

木珠（直徑4㎜）……4個

　　（直徑5㎜）……7個

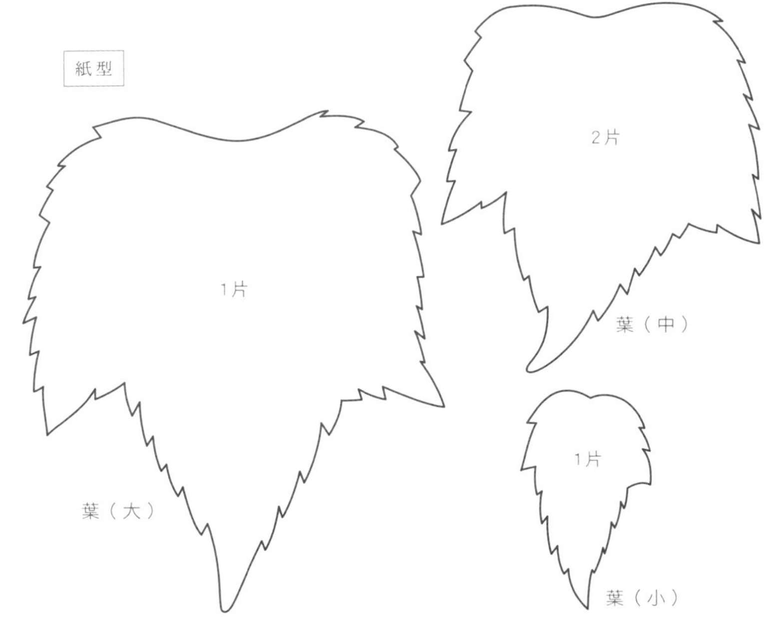

eschscholzia californica

花菱草

完成尺寸：長16×寬15.5㎝

>> p.30

圖案

放大145%

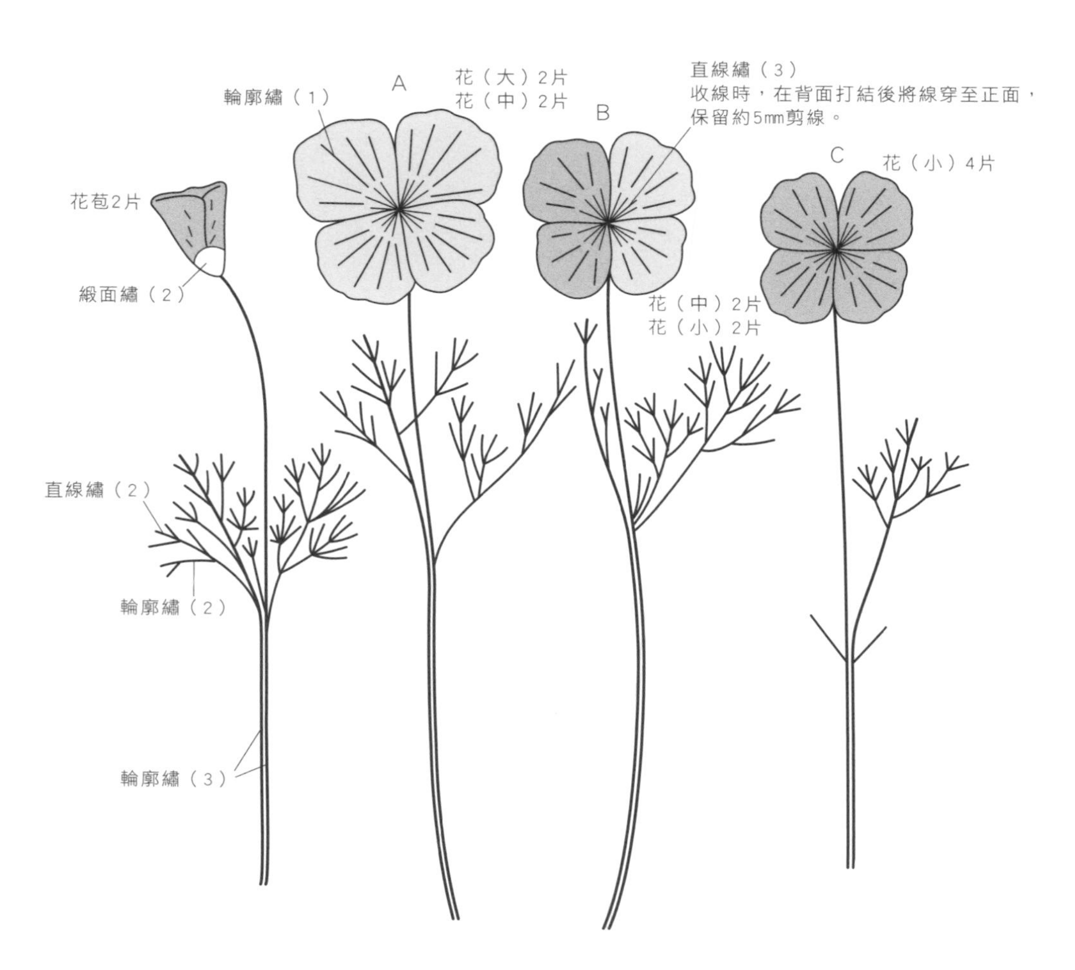

〔使用的染材〕

底布（平織棉布）紅茶鐵媒染……灰色

A,B［**花（羊毛不織布）**洋蔥（淡）明礬媒染……橘色

B,C［**花（羊毛不織布）**洋蔥（濃）明礬媒染……橘色

花苞（羊毛不織布）洋蔥（濃）銅媒染……橘色

全部共通［**花脈・花蕊・花苞（繡線）**洋蔥（濃）明礬媒染……橘色

［**葉・莖（繡線）**洋蔥（淡）鐵媒染……卡其色

〔材料〕

平織棉布

羊毛不織布（白色）

25號DMC繡線 米色（ECRU）……適量

紙型

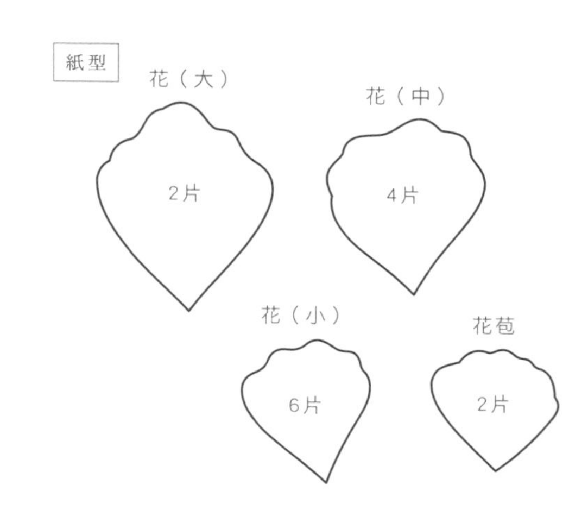

| philadelphia fleabane |

春飛蓬

完成尺寸：長20×寬9.5cm

>> p.32

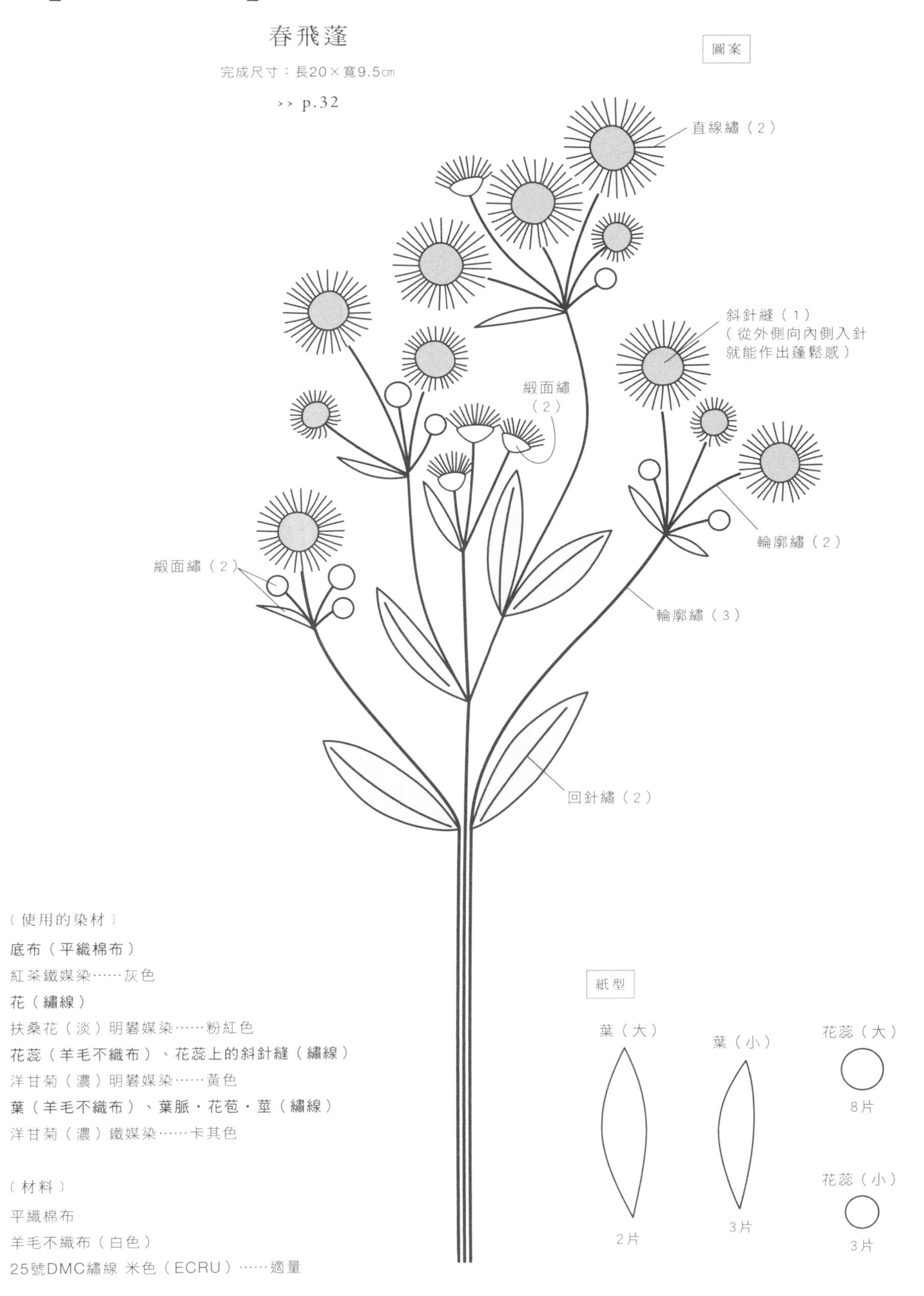

〔使用的染材〕

底布（平織棉布）

紅茶鐵媒染……灰色

花（繡線）

扶桑花（淡）明礬媒染……粉紅色

花蕊（羊毛不織布）、花蕊上的斜針縫（繡線）

洋甘菊（濃）明礬媒染……黃色

葉（羊毛不織布）、葉脈・花苞・莖（繡線）

洋甘菊（濃）鐵媒染……卡其色

〔材料〕

平織棉布

羊毛不織布（白色）

25號DMC繡線 米色（ECRU）……適量

viola

香堇菜

完成尺寸：長16.5×寬11㎝

>> p.34

圖案

放大200%

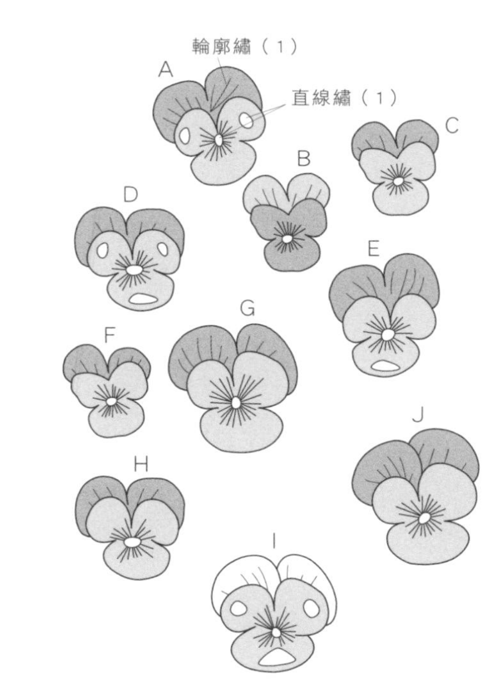

〔使用的染材〕

底布（平織棉布）紅茶鐵媒染……灰色

A
- 花瓣（羊毛不織布）扶桑花（濃、薄）銅媒染……藍色、灰色
- 花心（繡線）洋蔥（濃）明礬媒染……橘色
- 花脈（繡線）紅茶（濃）鐵媒染……灰色
- 花瓣上的色彩（繡線）黑豆（濃）銅媒染……綠松色

B
- 上花瓣（羊毛不織布）、花脈（繡線）紅茶（淡）鐵媒染……灰色
- 下花瓣（羊毛不織布）黑豆（濃）明礬媒染……紫色
- 花心（繡線）洋蔥（濃）明礬媒染……黃色
- 花瓣上的色彩（繡線）黑豆（濃）明礬媒染……紫色

C
- 上花瓣（羊毛不織布）、花脈（繡線）扶桑花（濃）鐵媒染……紫灰色
- 下花瓣（羊毛不織布）紅茶（淡）鐵媒染……灰色
- 花心（繡線）洋蔥（濃）明礬媒染……黃色
- 花瓣上的色彩（繡線）黑豆（濃）明礬媒染……藍色

D
- 上花瓣（羊毛不織布）扶桑花（濃）明礬媒染……粉紅色
- 下花瓣（羊毛不織布）、花脈（繡線）扶桑花（淡）明礬媒染……粉紅色
- 花心（繡線）洋蔥（濃）銅媒染……橘色
- 花瓣上的色彩（繡線）紅茶（濃）鐵媒染……灰色

E
- 上花瓣（羊毛不織布）、花脈（繡線）黑豆（濃）鐵媒染……藍色
- 下花瓣（羊毛不織布）、花心（繡線）洋甘菊（濃）明礬媒染……黃色
- 花瓣上的色彩（繡線）洋蔥（濃）鐵媒染……茶色

F
- 上花瓣（羊毛不織布）、花脈（繡線）黑豆（濃）明礬媒染的二次染色……粉紅色
- 下花瓣（羊毛不織布）、花心（繡線）洋蔥（濃）銅媒染……芥末黃
- 花瓣上的色彩（繡線）洋蔥（濃）明礬媒染……橘色
  洋蔥（濃）鐵媒染……茶色

G
- 上花瓣（羊毛不織布）、花脈（繡線）黑豆（濃）明礬媒染……紫色
- 下花瓣（羊毛不織布）黑豆（濃）明礬媒染的二次染色……粉紅色
- 花心（繡線）洋蔥（濃）鐵媒染……茶色
- 花瓣上的色彩（繡線）洋蔥（濃）明礬媒染……黃色
  洋蔥（淡）明礬媒染……黃色

H
- 上花瓣（羊毛不織布）、花脈（繡線）洋蔥（濃）明礬媒染……橘色
- 下花瓣（羊毛不織布）洋蔥（淡）明礬媒染……橘色
- 花心（繡線）洋蔥（濃）明礬媒染……黃色
- 花瓣上的色彩（繡線）洋蔥（濃）鐵媒染……茶色

I
- 花瓣（羊毛不織布）、花脈（繡線）洋甘菊（淡）明礬媒染……米色
- 花心（繡線）洋蔥（濃）明礬媒染……黃色
- 花瓣上的色彩（繡線）黑豆（濃）鐵媒染……藍色
  洋蔥（濃）鐵媒染……茶色

J
- 上花瓣（羊毛不織布）、花脈・花心（繡線）洋甘菊（濃）明礬媒染……黃色
- 下花瓣（羊毛不織布）洋甘菊（淡）明礬媒染……黃色
- 花瓣上的色彩（繡線）不須染色……米色
  洋甘菊（濃）鐵媒染……茶色

〔材料〕

平織棉布

羊毛不織布（白色）

25號DMC繡線 米色（ECRU）……適量

紙型

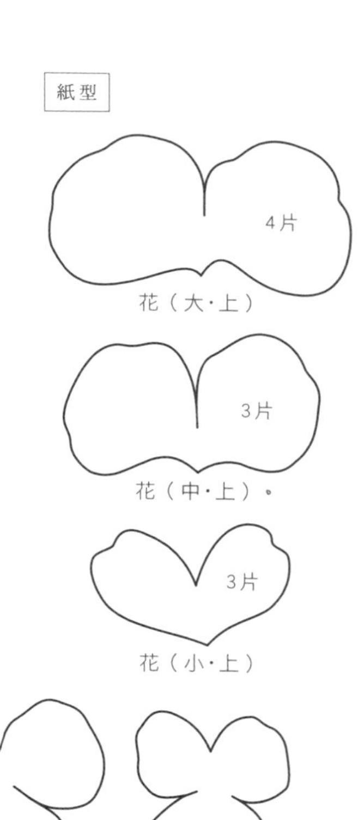

4片
花（大・下）

3片
花（中・下）

3片
花（小・下）

petunia

矮牽牛

完成尺寸：長13.5×寬10㎝

›› p.36

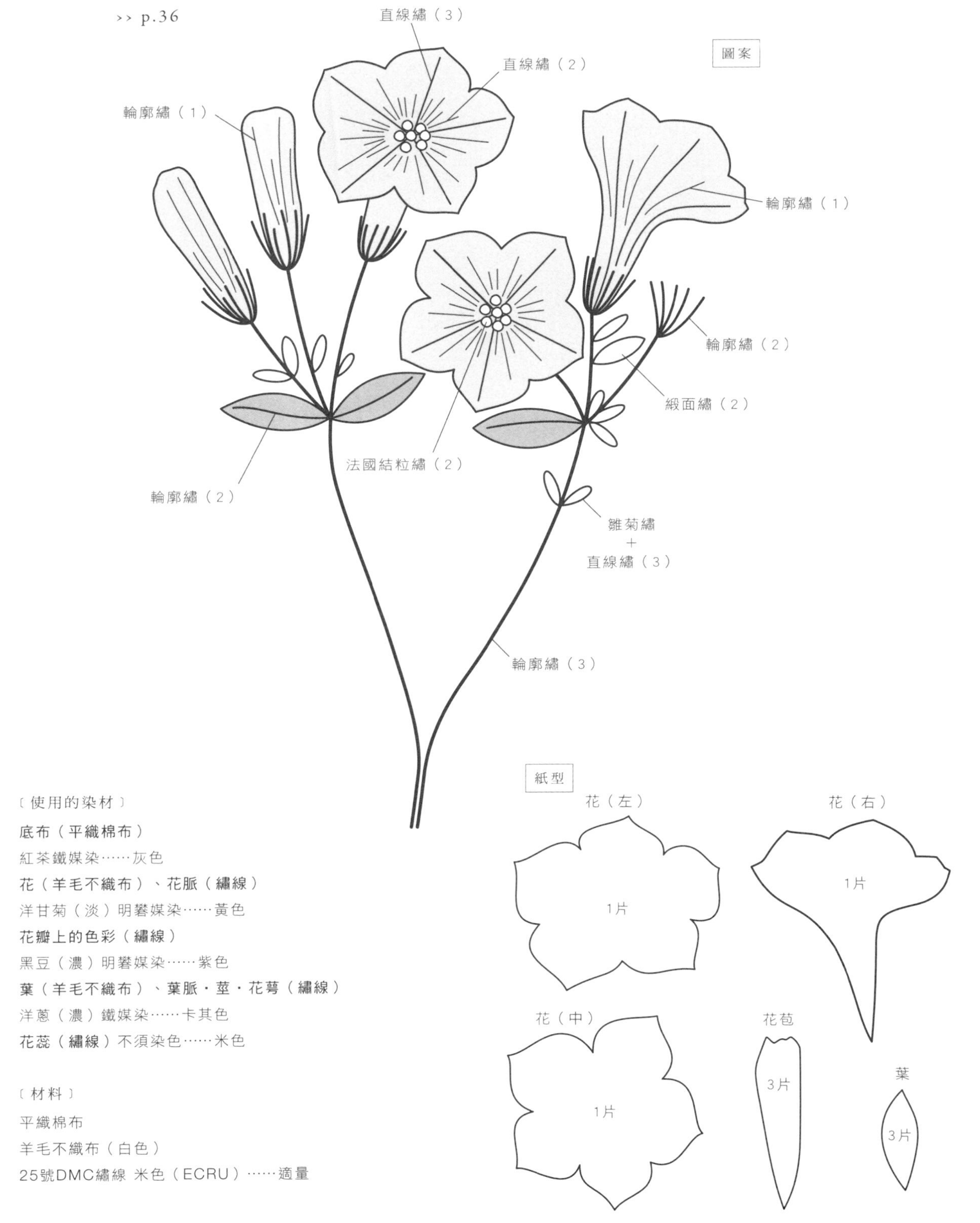

〔使用的染材〕

底布（平織棉布）

紅茶鐵媒染……灰色

花（羊毛不織布）、花脈（繡線）

洋甘菊（淡）明礬媒染……黃色

花瓣上的色彩（繡線）

黑豆（濃）明礬媒染……紫色

葉（羊毛不織布）、葉脈・莖・花萼（繡線）

洋蔥（濃）鐵媒染……卡其色

花蕊（繡線）不須染色……米色

〔材料〕

平織棉布

羊毛不織布（白色）

25號DMC繡線 米色（ECRU）……適量

tradescantia ohiensis

紫露草

完成尺寸：長11.5×寬10㎝

>> p.37

圖案

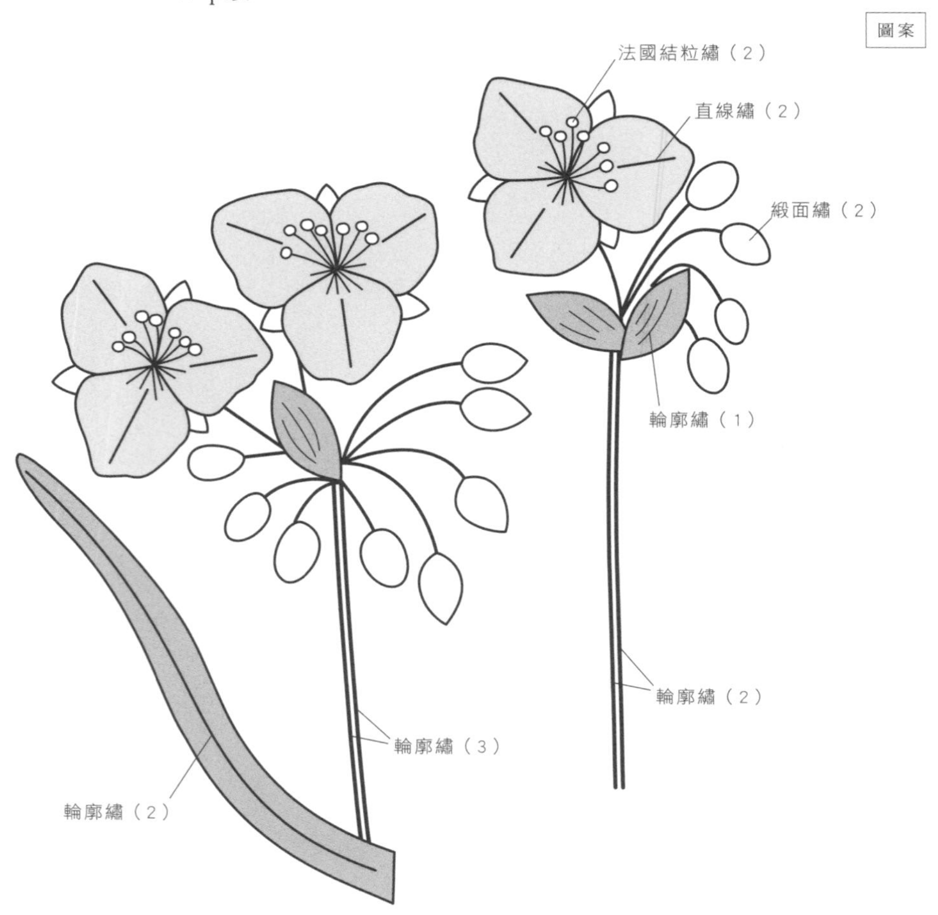

〔使用的染材〕

底布（平織棉布）

紅茶鐵媒染……灰色

花（羊毛不織布）、花脈（繡線）

黑豆（濃）明礬媒染……紫色

花蕊（繡線）

洋蔥（濃）明礬媒染……黃色

葉（羊毛不織布）、葉脈・花苞・莖（繡線）

咖啡（濃）鐵媒染……卡其色

〔材料〕

平織棉布

羊毛不織布（白色）

25號DMC繡線 米色（ECRU）……適量

紙型

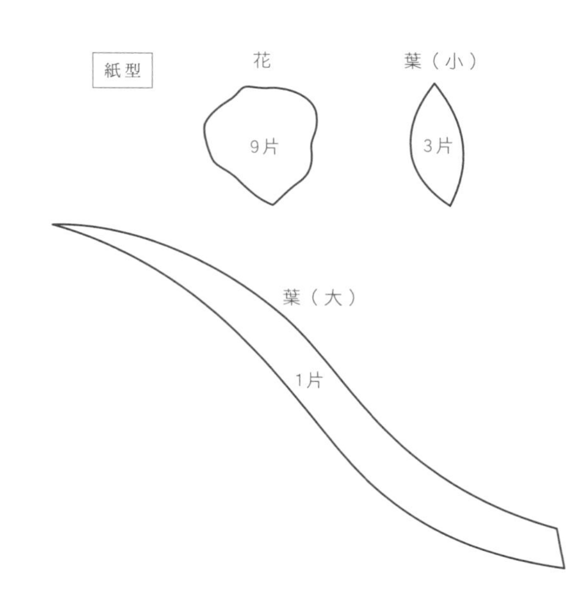

cornflowers

矢車菊

完成尺寸：長18×寬11㎝

›› p.38

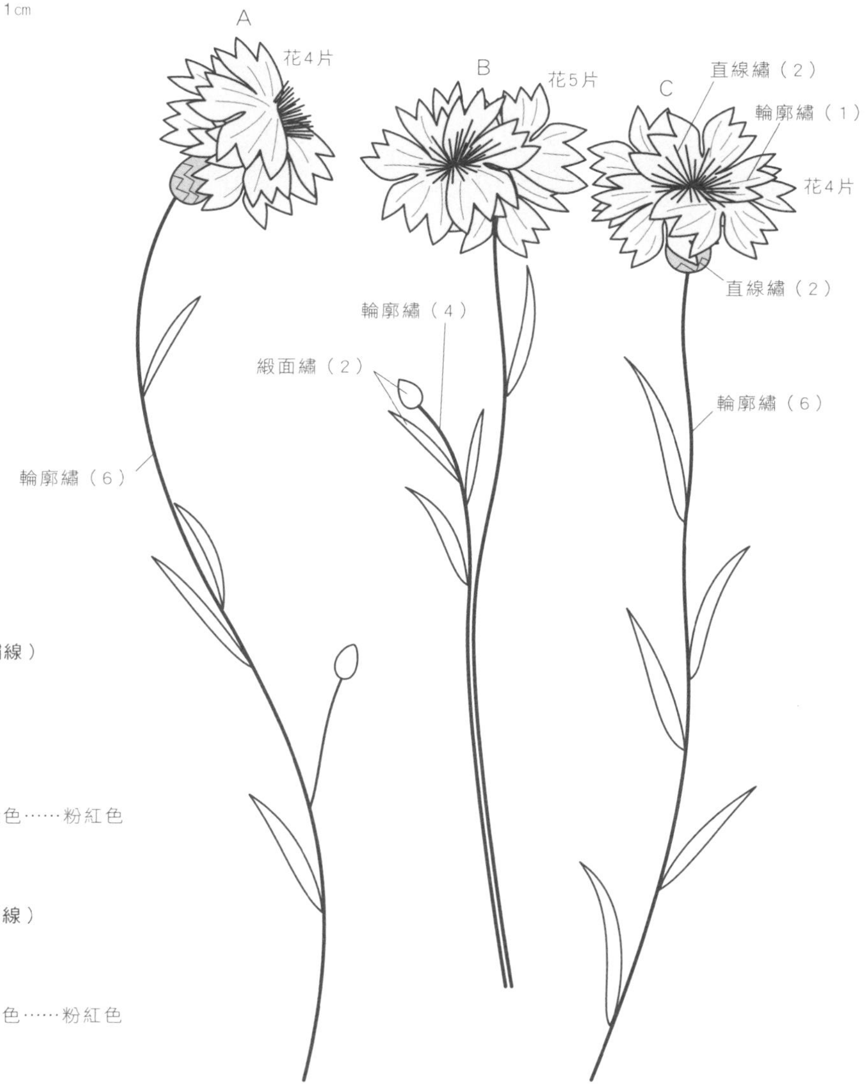

〔使用的染材〕

底布（平織棉布）

紅茶鐵媒染……灰色

A

花（羊毛不織布）、花脈（繡線）

黑豆（濃）鐵媒染……藍色

花萼（羊毛不織布）

紅茶（濃）鐵媒染……灰色

花蕊（繡線）

黑豆（濃）明礬媒染的二次染色……粉紅色

葉・花苞・莖・花萼（繡線）

紅茶（濃）鐵媒染……灰色

B

花（羊毛不織布）、花脈（繡線）

黑豆（濃）明礬媒染……紫色

花蕊（繡線）

黑豆（濃）明礬媒染的二次染色……粉紅色

葉・花苞・莖（繡線）

紅茶（淡）鐵媒染……灰色

C

花（羊毛不織布）、花脈（繡線）

黑豆（濃）明礬媒染的二次染色……粉紫色

花蕊（繡線）

黑豆（濃）明礬媒染……紫色

花萼（羊毛不織布）、莖・花萼（繡線）

紅茶（淡）明礬媒染……粉米色

葉（繡線）

紅茶（濃）明礬媒染……粉米色

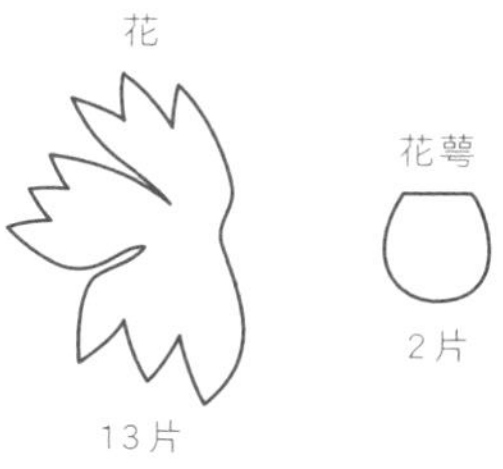

〔材料〕

平織棉布

羊毛不織布（白色）

25號DMC繡線 米色（ECRU）……適量

圖案

放大125%

A
花4片
輪廓繡（6）

B
花5片
輪廓繡（4）
緞面繡（2）

C
直線繡（2）
輪廓繡（1）
花4片
直線繡（2）
輪廓繡（6）

紙型

花
13片

花萼
2片

基本刺繡針法

直線繡

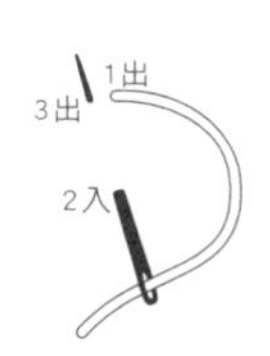

① 從1出針，插入2，再從3穿出。

② 將針插入4，從5穿出。重複步驟①至②。

回針繡

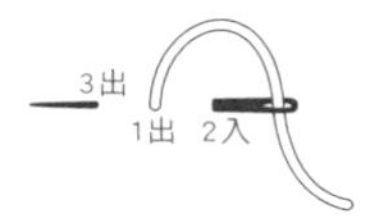

① 從1出針，往回退至數公厘處插入第2針，再以1．2之間相同的針距在前方的3穿出。

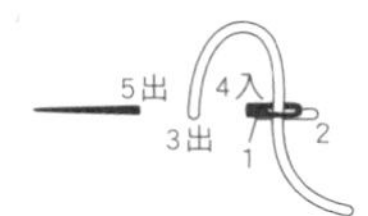

② 將針插入4，從5穿出。重複步驟①至②。

平針縫

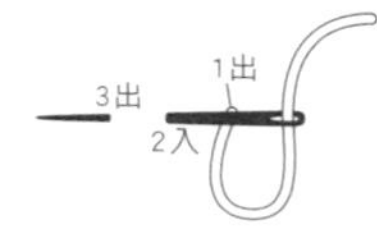

① 從1出針後，在間隔約2㎜處插入2，再取等距離從3穿出。

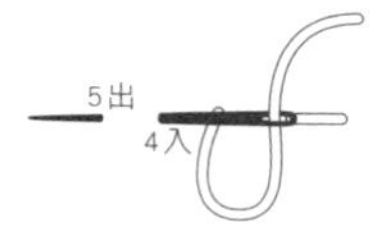

② 將針插入4，從5穿出。重複步驟①至②。

斜針縫

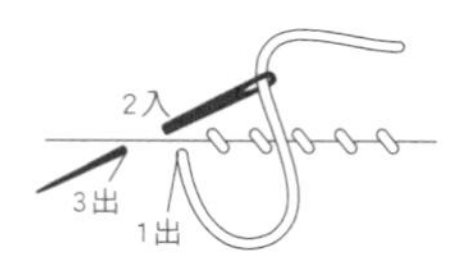

① 從1出針後，插入2挑紗，再從3穿出。重複此步驟。

輪廓繡

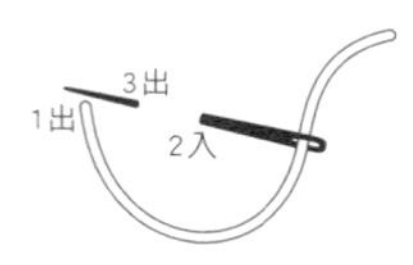

① 從1出針，取一針的距離插入2，再從半針處的3穿出。

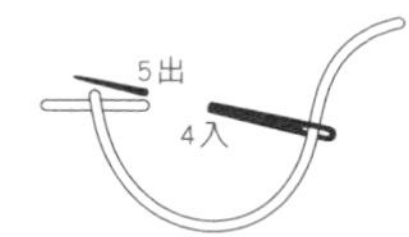

② 取1．2之間相同的針距插入4，再從2上方點的5穿出。

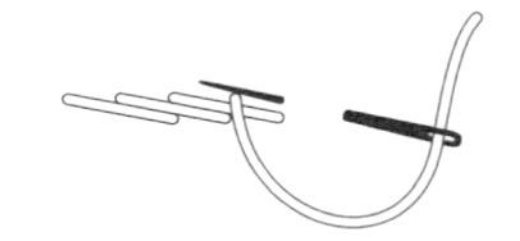

③ 重複「進一針，回半針」。

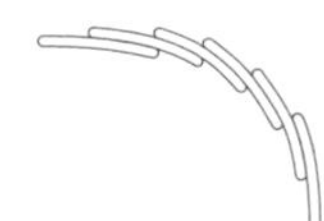

弧線處的繡法

法國結粒繡

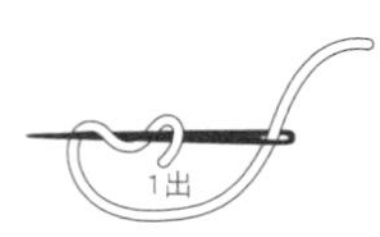

① 從1出針，針尖纏線2圈。

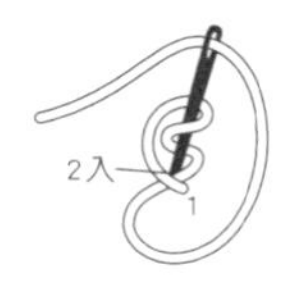

② 緊鄰著1出的位置插入2，針先插至一半。

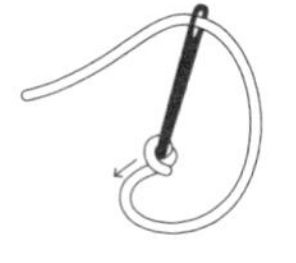

③ 稍微向前收緊線圈，使結粒貼著布面，再從背後拔出針。

雛菊繡

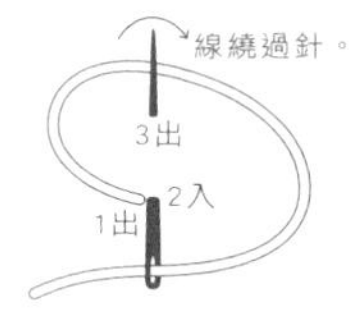

① 從1出針，在1的位置插入2，再從3穿出，使線繞過針尖。

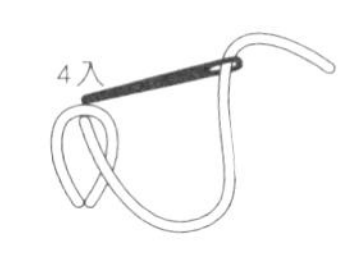

② 拉線整理成圈狀後，從4插入。

雛菊繡＋直線繡

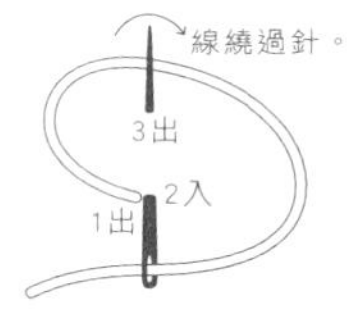

① 從1出針，在1的位置插入2，再從3穿出，使線繞過針尖。

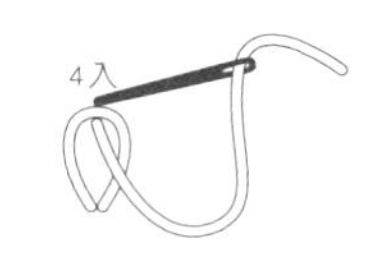

② 拉線整理成圈狀後，從4插入。

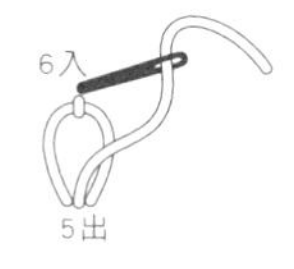

③ 從5出針，再從6插入。

緞面繡

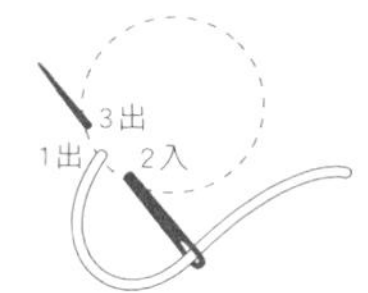

① 從1出針，插入2，再從3穿出。

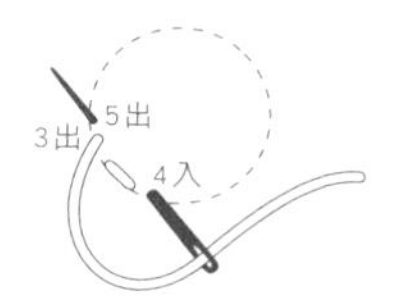

② 將針插入4，從5穿出。重複步驟①至②。

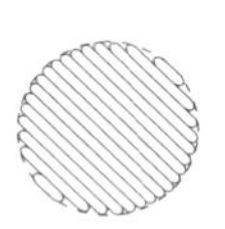

緞面繡（含芯）

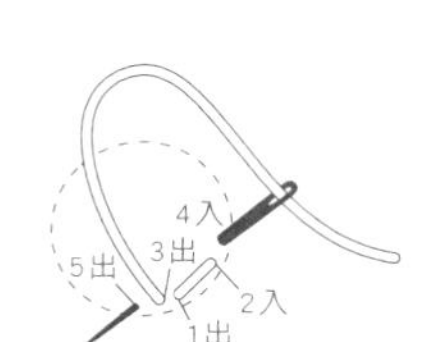

① 先以緞面繡打底。從1穿出，插入2，從3穿出。再將針插入4，從5穿出。重複此步驟。

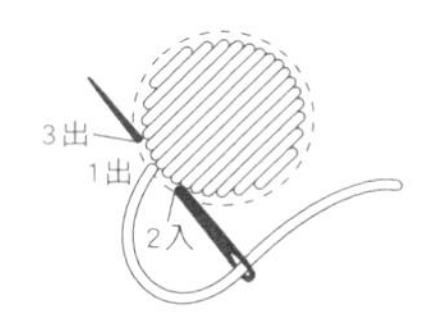

② 進行表面的緞面繡。從1穿出，插入2，再從3穿出。

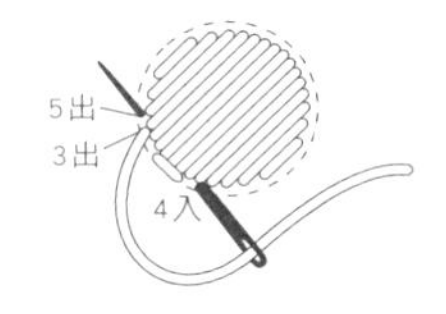

③ 將針插入4，從5穿出。重複步驟②至③。

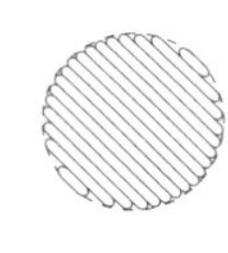

刺繡球

- 繡球花（常山繡球）
- 芫荽
- 蛇葡萄

① 將線穿過珠子，線末端預留10cm。

② 與①相同，將線穿過珠子。重複此步驟，使繡線密實地繞珠子一圈。

- 繡球花（常山繡球）
- 蛇葡萄

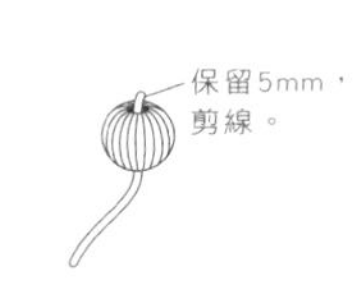

- 芫荽

雌蕊＆雄蕊

- 銀蓮花
- 石竹
- 黑種草

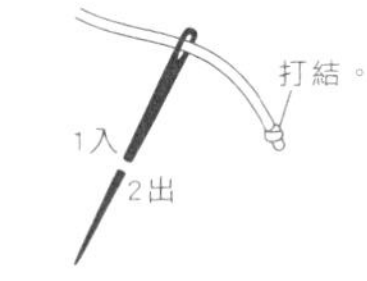

① 線末端打結作出結粒，從1插入，從2穿出。

② 拉線讓末端距離1入針處留下數公分長。線的另一端也在在距離2出針處數公分處打出結粒後，將線剪斷。

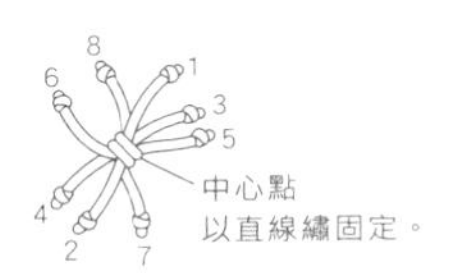

③ 重複步驟①至②，使其呈放射狀，最後以直線繡固定中心點。

刺繡襯衫的作法 ›› p.40

以P.50「基本作法」的要領進行刺繡。

〔材料（共通）〕

市售的襯衫
羊毛不織布（白色）
25號DMC繡線
米色（ECRU）……適量

圖案
放大300%

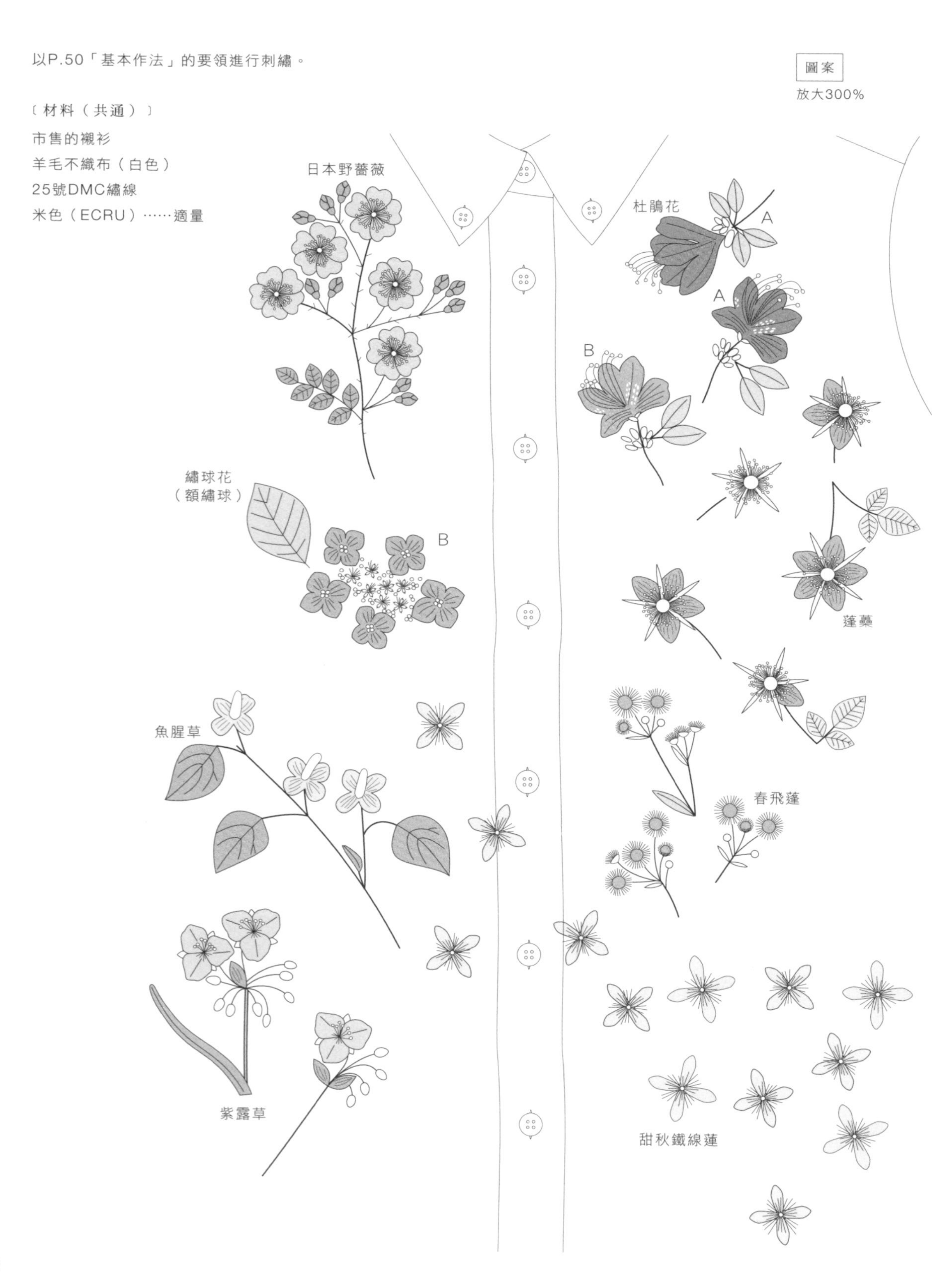

日本野薔薇
完成尺寸：長16×寬11cm（紙型・繡法參照p.62）

〔使用的染材〕

花（羊毛不織布）黑豆（濃）鐵媒染……藍色

雌蕊・雄蕊（繡線）

扶桑花（濃）明礬媒染……粉紅色

葉・花苞（羊毛不織布）、葉脈・莖・花萼（繡線）

咖啡（濃）鐵媒染……卡其色

繡球花（額繡球）B
完成尺寸：長9×寬11cm（紙型・繡法參照p.51）

〔使用的染材〕

花（羊毛不織布）、花脈・花蕊（繡線）

黑豆（濃）鐵媒染……藍色

中央的刺繡小花（繡線）

扶桑花（濃）明礬媒染……粉紅色

中央的刺繡花苞（繡線）

黑豆（濃）銅媒染……綠松色

黑豆（濃）鐵媒染……藍色

葉（羊毛不織布）、葉脈（繡線）

咖啡（濃）明礬媒染……米色

魚腥草
完成尺寸：長13.5×寬14.5cm（紙型・繡法參照p.58）

〔使用的染材〕

花（羊毛不織布）、花脈・花蕊（繡線）

洋甘菊（淡）明礬媒染……米色

花蕊（羊毛不織布）、葉脈・莖（繡線）

洋甘菊（濃）鐵媒染……卡其色

花蕊（繡線）

洋甘菊（濃）明礬媒染……黃色

葉（羊毛不織布）

紅茶（濃）鐵媒染……灰色

紫露草
完成尺寸：長14×寬12.5cm（紙型・繡法參照p.68）

〔使用的染材〕

花（羊毛不織布）、花脈（繡線）

黑豆（濃）明礬媒染……紫色

花蕊（繡線）

洋蔥（濃）明礬媒染……黃色

葉（羊毛不織布）、葉脈・莖（繡線）

咖啡（濃）明礬媒染……米色

花苞（繡線）

咖啡（濃）銅媒染……卡其色

杜鵑花
完成尺寸：長16.5×寬11.5cm（紙型・繡法參照p.57）

〔使用的染材〕

A
- **花（羊毛不織布）**
- 扶桑花（濃）明礬媒染……粉紅色
- **斑點・花脈（繡線）**
- 扶桑花（淡）明礬媒染……粉紅色

B
- **花（羊毛不織布）、花脈（繡線）**
- 黑豆（淡）明礬媒染的二次染色……粉紅色

A,B共通
- **花蕊（繡線）**
- 黑豆（濃）鐵媒染……灰色
- **葉（羊毛不織布）**
- 紅茶（濃）鐵媒染……灰色
- **葉脈・花苞・莖・花萼（繡線）**
- 紅茶（濃）明礬媒染……米色

蓬虆
完成尺寸：長18.5×寬15cm（紙型・繡法參照p.53）

〔使用的染材〕

花（羊毛不織布）

咖啡（淡）明礬媒染……米色

花脈・雌蕊・雄蕊（繡線）

咖啡（濃）明礬媒染……米色

葉（羊毛不織布）、葉脈・莖・花萼（繡線）

扶桑花（濃）銅媒染……綠色

春飛蓬
完成尺寸：長12.5×寬9cm（紙型・繡法參照p.65）

〔使用的染材〕

花（繡線）

扶桑花（濃）明礬媒染……粉紅色

花蕊（羊毛不織布）、花蕊的斜針縫（繡線）

洋甘菊（濃）明礬媒染……黃色

葉（羊毛不織布）、葉脈・花苞・莖（繡線）

扶桑花（濃）銅媒染……綠色

甜秋鐵線蓮
完成尺寸：長29×寬25.5cm（紙型・繡法參照p.56）

〔使用的染材〕

花（羊毛不織布）、雌蕊・雄蕊（繡線）

黑豆（濃）銅媒染……綠松色

刺繡裙的作法 >> p.41

以P.50「基本作法」的要領進行刺繡。

〔材料（共通）〕

市售的裙子

羊毛不織布（白色）

25號DMC繡線 米色（ECRU）……適量

圖案

放大300%

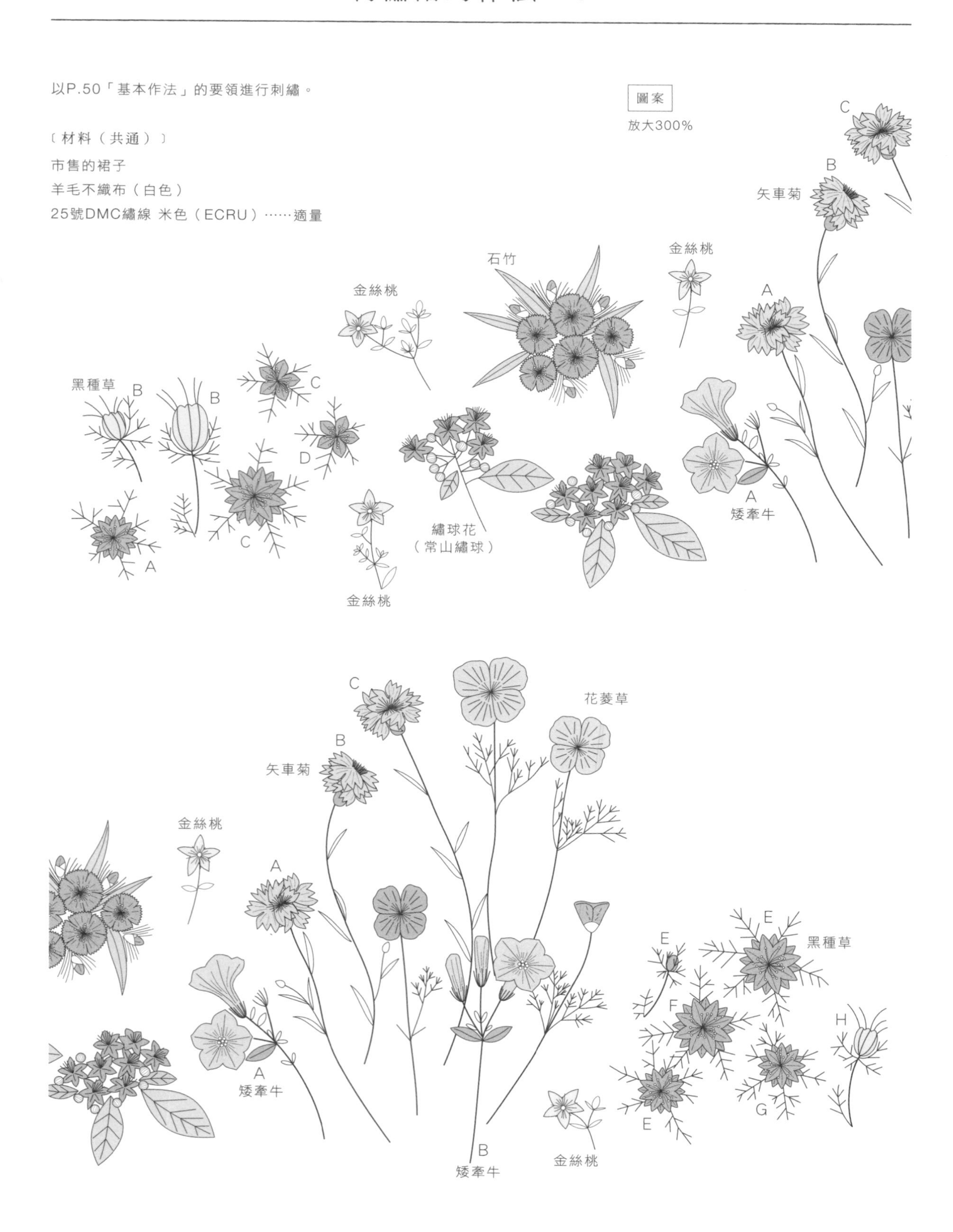

黑種草

完成尺寸：長13.5×寬16cm（紙型・繡法參照p.61）

〔使用的染材〕

A
- 花（羊毛不織布）、花脈（繡線）
- 咖啡（濃）明礬媒染……米色

B
- 花苞（羊毛不織布）
- 咖啡（濃）鐵媒染……卡其色

C
- 花（羊毛不織布）、花脈（繡線）
- 黑豆（濃）銅媒染……綠松色

D
- 花（羊毛不織布）、花脈（繡線）
- 黑豆（濃）明礬媒染的二次染色……粉紅色

全部共通
- 花蕊・葉（繡線）
- 洋甘菊（濃）鐵媒染……卡其色

繡球花（常山繡球）

完成尺寸：長10×寬16.5cm（紙型・繡法參照p.50）

〔使用的染材〕

花（羊毛不織布）、花苞球・花脈（繡線）

黑豆（濃）鐵媒染……藍色

花蕊（繡線）

黑豆（濃）銅媒染……綠松色

葉（羊毛不織布）、葉脈・莖（繡線）

紅茶（濃）鐵媒染……灰色

石竹

完成尺寸：長10×寬10cm（紙型・繡法參照p.59）

〔使用的染材〕

花・花苞（羊毛不織布）、花脈・花萼（繡線）

扶桑花（濃）明礬媒染……粉紅色

花蕊（繡線）

扶桑花（濃）鐵媒染……灰色

葉（羊毛不織布）、葉脈（繡線）

咖啡（濃）鐵媒染……卡其色

金絲桃

完成尺寸：長3.5至5×寬2至5cm（一處）（紙型・繡法參照p.55）

〔使用的染材〕

花（羊毛不織布）、雌蕊・雄蕊（繡線）

洋蔥（淡）明礬媒染……黃色

葉・莖（繡線）

洋蔥（淡）鐵媒染……卡其色

雄蕊（繡線）

洋蔥（濃）明礬媒染……橘色

矮牽牛

完成尺寸：A長10×寬7.5cm、B長12.5×寬6cm（紙型・繡法參照p.67）

〔使用的染材〕

A
- 花（羊毛不織布）、花脈（繡線）
- 黑豆（淡）明礬媒染的二次染色……粉紅色
- 花瓣上的色彩（繡線）
- 黑豆（濃）明礬媒染……紫色

B
- 花（羊毛不織布）、花脈（繡線）
- 黑豆（濃）明礬媒染的二次染色……粉紅色
- 花瓣上的色彩（繡線）
- 黑豆（濃）鐵媒染……灰色

共通
- 葉（羊毛不織布）、葉脈・莖・花萼（繡線）
- 咖啡（濃）鐵媒染……卡其色
- 花蕊（繡線）不須染色……米色

矢車菊

完成尺寸：長25.5×寬13cm（紙型・繡法參照p.69）

〔使用的染材〕

A
- 花（羊毛不織布）黑豆（濃）明礬媒染……紫色
- 葉・花苞・莖（繡線）紅茶（濃）鐵媒染……灰色

B,C
- 花（羊毛不織布）黑豆（淡）明礬媒染……紫色
- B花萼（羊毛不織布）、葉・花苞・莖（繡線）
- 咖啡（濃）鐵媒染……卡其色
- C花萼（羊毛不織布）、葉・花苞・莖（繡線）
- 紅茶（濃）明礬媒染……米色

全部共通
- 花脈・花蕊（繡線）
- 黑豆（淡）明礬媒染……粉紅色

花菱草

完成尺寸：長25×寬12.5cm（紙型・繡法參照p.64）

〔使用的染材〕

花・花苞（羊毛不織布）黑豆（濃）鐵媒染……藍色

花脈（繡線）黑豆（濃）明礬媒染的二次染色……粉紅色

花蕊（繡線）黑豆（濃）銅媒染……綠松色

葉・莖（繡線）咖啡（濃）鐵媒染……卡其色

黑種草

完成尺寸：長13×寬14cm

〔使用的染材〕

E
- 花（羊毛不織布）、花脈（繡線）
- 扶桑花（濃）明礬媒染……粉紅色

F
- 花（羊毛不織布）、花脈（繡線）
- 咖啡（濃）明礬媒染……米色

G
- 花（羊毛不織布）、花脈（繡線）
- 黑豆（濃）銅媒染……綠松色

H
- 花苞（羊毛不織布）咖啡（濃）鐵媒染……卡其色

全部共通
- 花蕊・葉（繡線）
- 洋甘菊（濃）鐵媒染……卡其色

耳環的作法 ›› p.42

① 以P.50「基本作法」的要領進行刺繡。
② 完成刺繡後，依底布紙型裁剪底布。
③ 沿著底布周圍（距邊5mm處）以平針縫縫一圈後，將布翻至背面，放上包釦（參照圖1）。
④ 拉緊縫線，包覆包釦（參照圖2）。
⑤ 依不織布紙型裁剪不織布。
⑥ 在⑤的中心點以錐子鑽洞，穿過耳針（參照圖3）。
⑦ 以接著劑將④的背面與⑥黏合。

〔材料（共通）〕

平織棉布
羊毛不織布（白色）
※芫荽不使用羊毛不織布。
25號DMC繡線 米色（ECRU）……適量
※芫荽使用25號DMC繡線 白色（BLANC）……適量
包釦（直徑18mm）……2個
耳針……1組

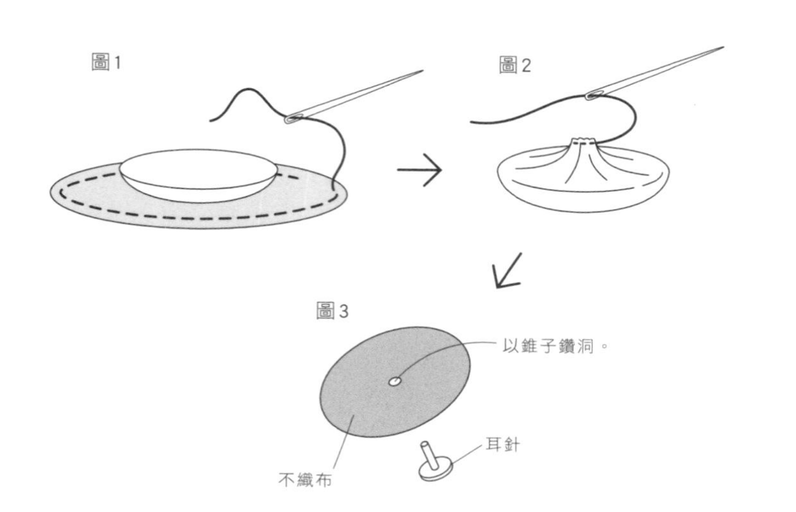

紙型 耳環底布

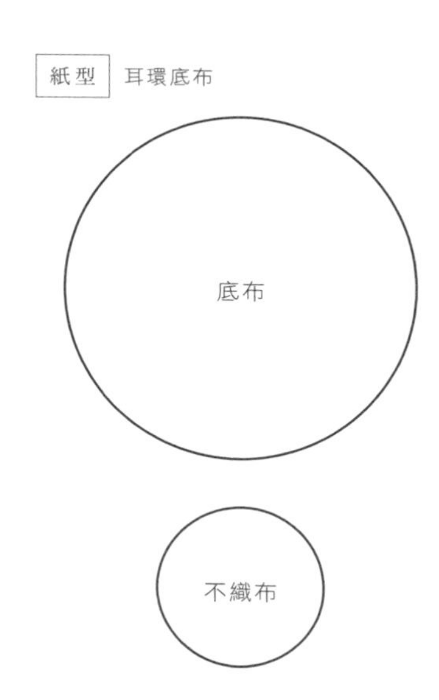

圖案

紙型 花

4片

圖案

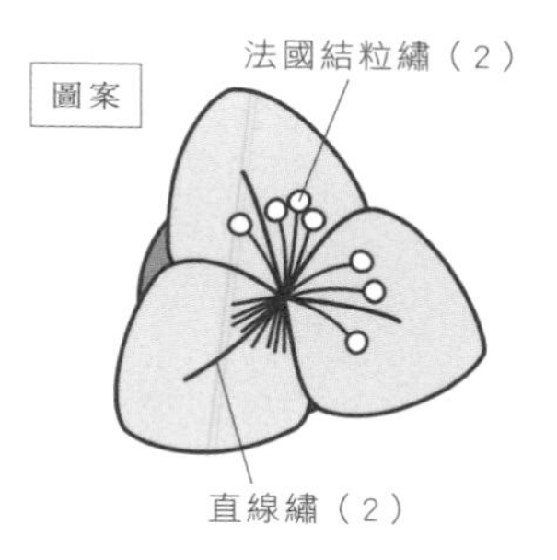

紙型 花

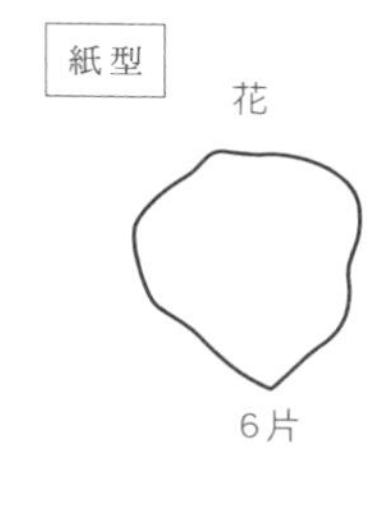

矢車菊

完成尺寸：直徑2cm

〔使用的染材〕

底布（平織棉布）
紅茶鐵媒染……灰色
花（羊毛不織布）、花脈（繡線）
黑豆（濃）鐵媒染……藍色
花蕊（繡線）
黑豆（濃）明礬媒染的二次染色……粉紅色

紫露草

完成尺寸：2×2.5cm

〔使用的染材〕

底布（平織棉布）
紅茶鐵媒染……灰色
花（羊毛不織布）、花脈（繡線）
黑豆（濃）明礬媒染……紫色
花蕊（繡線）
洋蔥（濃）明礬媒染……黃色

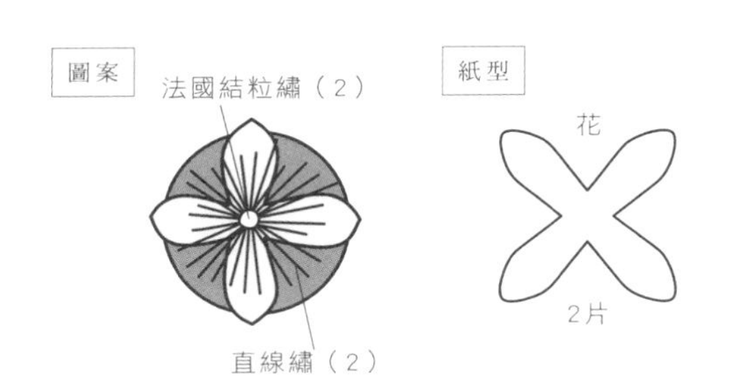

甜秋鐵線蓮

完成尺寸：直徑2cm

〔使用的染材〕

底布（平織棉布）

紅茶鐵媒染……灰色

花（羊毛不織布）、雌蕊（繡線・米色）

洋甘菊（淡）明礬媒染……米色

雄蕊（繡線・白色）

洋甘菊（淡）染色1分鐘後明礬媒染……米色

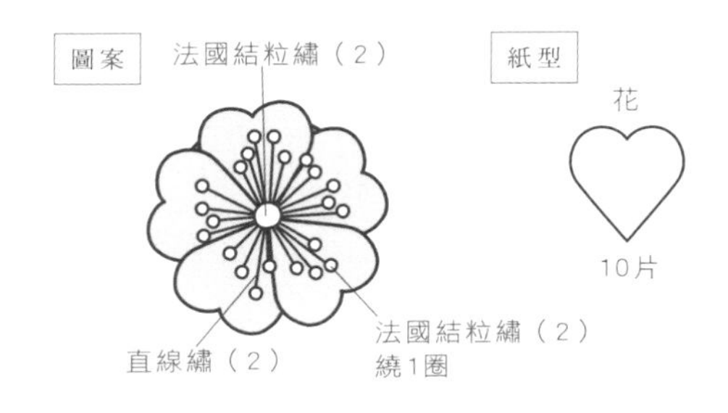

日本野薔薇

完成尺寸：直徑2.2cm

〔使用的染材〕

底布（平織棉布）

紅茶鐵媒染……灰色

花（羊毛不織布）

洋甘菊（淡）明礬媒染……米色

雌蕊・雄蕊（繡線）

洋甘菊（濃）明礬媒染……黃色

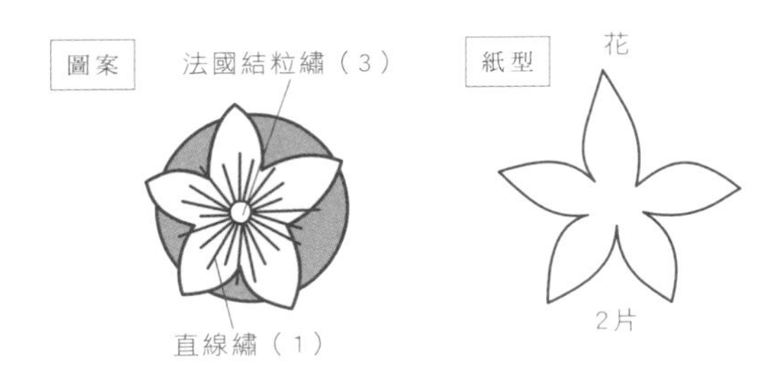

金絲桃

完成尺寸：直徑2cm

〔使用的染材〕

底布（平織棉布）

紅茶鐵媒染……灰色

花（羊毛不織布）、雄蕊・雌蕊（繡線）

洋蔥（濃）明礬媒染……橘色

雄蕊（繡線）

洋蔥（淡）明礬媒染……黃色

油菜花

完成尺寸：2×2.2cm

〔使用的染材〕

底布（平織棉布）

紅茶鐵媒染……灰色

花（羊毛不織布）、花蕊・花脈・刺繡小花（繡線）

洋甘菊（濃）明礬媒染……黃色

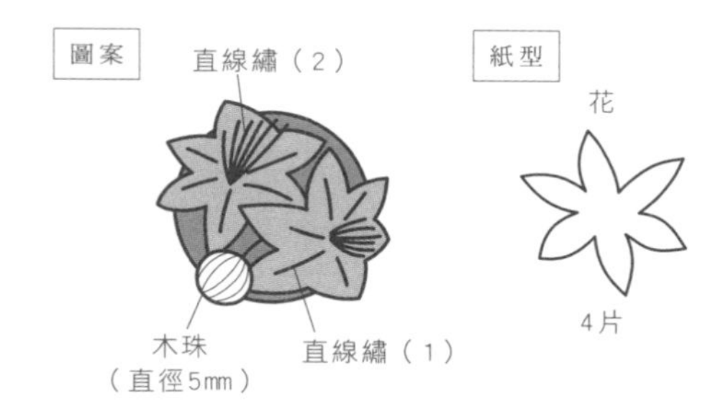

繡球花（常山繡球）

完成尺寸：2×2.5cm

〔使用的染材〕

底布（平織棉布）

紅茶鐵媒染……灰色

花（羊毛不織布）、花脈・刺繡球（繡線）

黑豆（濃）鐵媒染……藍色

花蕊（繡線）

黑豆（濃）銅媒染……綠松色

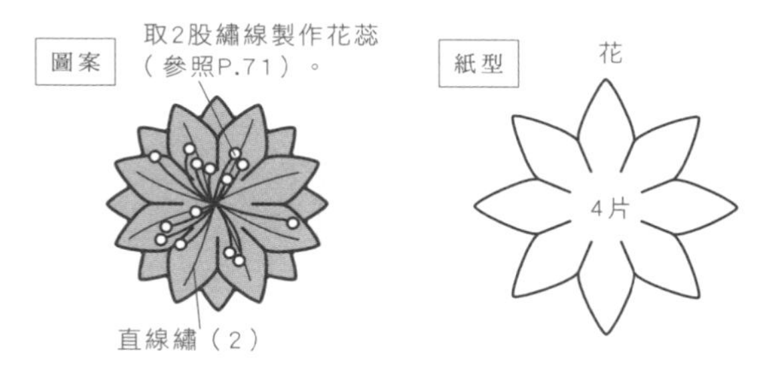

黑種草

完成尺寸：直徑2.2cm

〔使用的染材〕

底布（平織棉布）

紅茶鐵媒染……灰色

花（羊毛不織布）、花脈（繡線）

黑豆（濃）銅媒染……綠松色

花蕊（繡線）

洋甘菊（濃）鐵媒染……卡其色

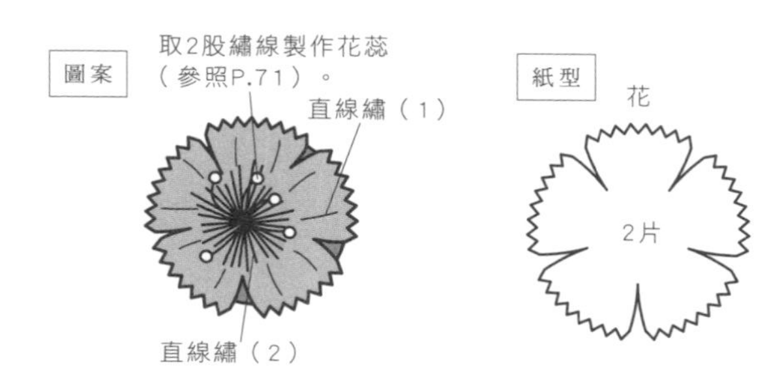

石竹

完成尺寸：直徑2.2cm

〔使用的染材〕

底布（平織棉布）

紅茶鐵媒染……灰色

花（羊毛不織布）、花脈（繡線）

扶桑花（濃）明礬媒染……粉紅色

花蕊（繡線）

扶桑花（濃）鐵媒染……紫色

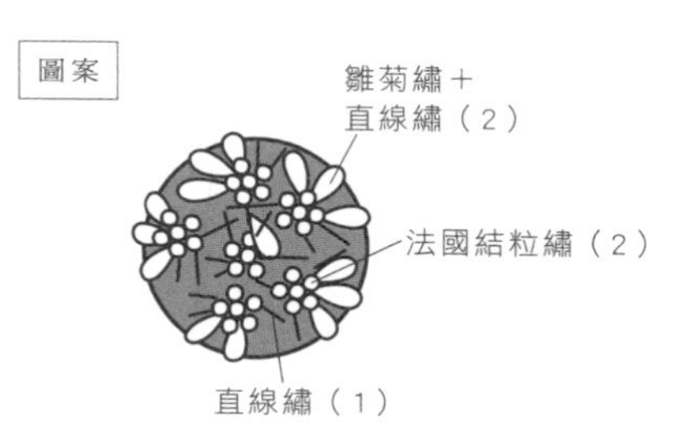

芫荽

完成尺寸：直徑1.8cm

〔使用的染材〕

底布（平織棉布）

紅茶鐵媒染……灰色

胸針的作法 >> p.43

① 以P.50「基本作法」的要領進行刺繡。
② 完成刺繡後，依紙型（刺繡區塊）外加1cm縫份剪下底布。
③ 按紙型裁剪厚紙＆不織布。
④ 沿著底布周圍（距邊5mm處）以平針縫縫一圈後，
　將布翻至背面，放上厚紙（參照P.76圖1）。
⑤ 拉緊縫線，包覆厚紙（參照P.76圖2）。
⑥ 將別針與③不織布縫合（參照右圖）。
⑦ 以接著劑將⑤的背面與⑥黏合。

圖

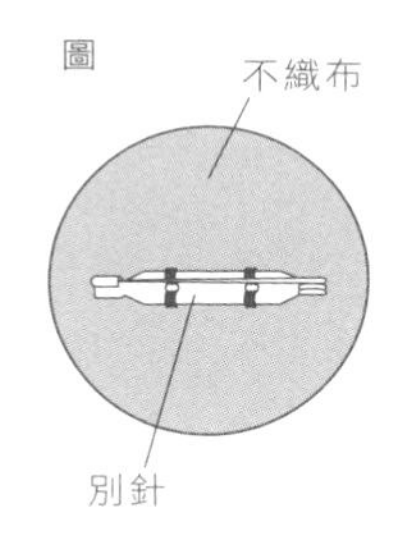

圖案　放大200%

放大200%

花的紙型
同P.51花（小）

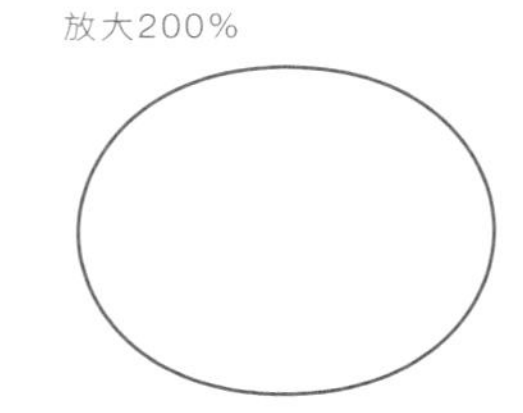

花的紙型
同P.60花（中）

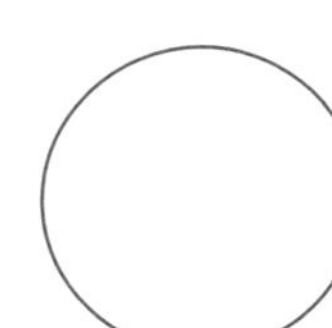

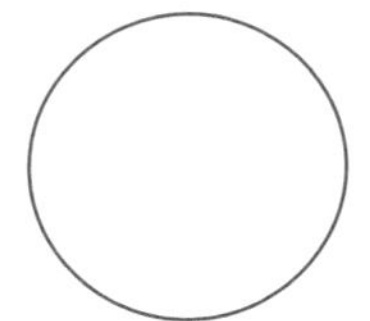

花的紙型
同P.52

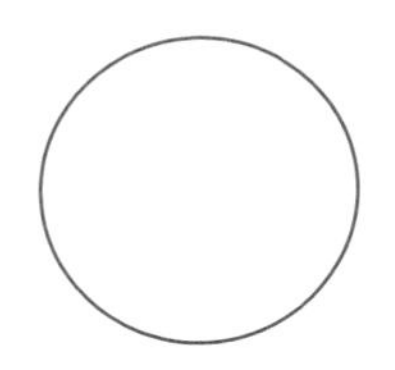

花的紙型
同P.77

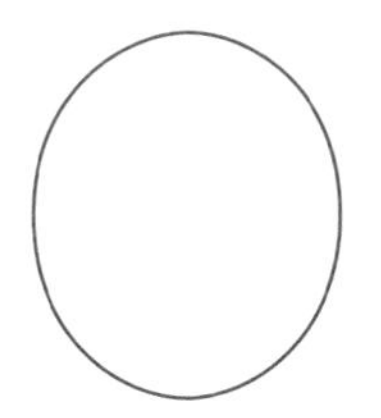

〔材料（共通）〕
平織棉布
羊毛不織布（白色）
25號DMC繡線 米色（ECRU）……適量
別針（3.5cm）……1個

繡球花（額繡球）

完成尺寸：長5×寬6.5cm

〔使用的染材〕
底布（平織棉布）咖啡鐵媒染……灰色
花（羊毛不織布）、花脈・花蕊（繡線）
扶桑花（淡）銅媒染……藍色
中央的刺繡小花（繡線）
扶桑花（濃）明礬媒染……粉紅色
花苞（繡線）
扶桑花（濃）鐵媒染……灰色

油菜花

完成尺寸：長5×寬5cm

〔使用的染材〕
底布（平織棉布）咖啡鐵媒染……灰色
花（羊毛不織布）、花脈・中央的刺繡小花（繡線）
咖啡（淡）明礬媒染……米色
花蕊・中央莖（繡線）
咖啡（濃）明礬媒染……米色

銀蓮花

完成尺寸：長5.5×寬5.5cm

〔使用的染材〕
底布（平織棉布）咖啡鐵媒染……灰色
花（羊毛不織布）、花脈（繡線）
黑豆（濃）明礬媒染的二次染色……粉紅色
雌蕊（羊毛不織布）、雌蕊・雄蕊（繡線）
紅茶（濃）鐵媒染……灰色

甜秋鐵線蓮

完成尺寸：長5.5×寬5cm

〔使用的染材〕
底布（平織棉布）咖啡鐵媒染……灰色
花（羊毛不織布）、花蕊（繡線）
黑豆（濃）鐵媒染……藍色

Veriteco

設計師 浅田真理子

出生於日本栃木縣。在東京生活了20年後，於2015年遷居至香川縣。
享受著在小島上與大自然一同生活的同時，持續發展正統的草木染創作。
2015年起，由山代真理子改以浅田真理子之名進行活動。
http://veriteco.com/

愛｜刺｜繡｜20

Veriteco
刺繡圖鑑

作　　　者／浅田真理子
譯　　　者／楊妮蓉
發　行　人／詹慶和
總　編　輯／蔡麗玲
執 行 編 輯／陳姿伶
編　　　輯／蔡毓玲・劉蕙寧・黃璟安・陳昕儀
執 行 美 編／韓欣恬
美 術 編 輯／陳麗娜・周盈汝
出　版　者／雅書堂文化事業有限公司
發　行　者／雅書堂文化事業有限公司
郵政劃撥帳號／18225950
戶　　　名／雅書堂文化事業有限公司
地　　　址／220新北市板橋區板新路206號3樓
網　　　址／www.elegantbooks.com.tw
電 子 信 箱／elegant.books@msa.hinet.net
電　　　話／(02)8952-4078
傳　　　真／(02)8952-4084

2019年8月初版一刷　定價420元

國家圖書館出版品預行編目資料

Veriteco刺繡圖鑑 / 浅田真理子著 ; 楊妮蓉翻譯.
-- 初版. -- 新北市 : 雅書堂文化, 2019.08
　面 ;　公分. -- (愛刺繡 ; 20)
譯自 : Veritecoの刺繍図鑑
ISBN 978-986-302-504-7(平裝)

1.刺繡 2.手工藝

426.2　　108011589

日文版發行人／大沼 淳
美術設計＆書籍設計／広瀬 開（FEZ）
書籍設計／広瀬 匡（FEZ）
攝影／安田如水（文化出版局）
攝影（風景）／浅田真理子
製圖／文化フォトタイプ
校對／向井雅子
編輯／鞍田恵子
　　　平山伸子（文化出版局）
攝影協力／浅田美樹雄
素材提供／藍熊染料
　　　URL : http://www.aikuma.co.jp
　　　ディー・エム・シー
　　　URL : http://www.dmc.com

經銷／易可數位行銷股份有限公司
地址／新北市新店區寶橋路235巷6弄3號5樓
電話／(02)8911-0825
傳真／(02)8911-0801

| hydrangea |

| anemone |

| rubus hirsutus |

| coriander |

| st. john's wort |

| sweet autumn clematis |

| tsutsuji(azalea) |

| houttuynia cordata |

| dianthus |

| canola flower |

| nigella |

| rosa multiflora |

| wild grape |

| eschscholzia californica |

| philadelphia fleabane |

| viola |

| petunia |

| tradescantia ohiensis |

| cornflowers |